J. RIECK   TECHNIK DER WISSENSCHAFTLICHEN KINEMATOGRAPHIE

DER WISSENSCHAFTLICHE FILM

Herausgegeben vom Institut für den Wissenschaftlichen Film Göttingen

J. Rieck

TECHNIK DER WISSENSCHAFTLICHEN KINEMATOGRAPHIE

PROF. DR.-ING. JOACHIM RIECK

Technik der Wissenschaftlichen Kinematographie

Mit 78 Abbildungen

19 68

JOHANN AMBROSIUS BARTH MÜNCHEN

ISBN 978-3-642-46888-9   ISBN 978-3-642-46887-2 (eBook)
DOI 10.1007/978-3-642-46887-2

Vorwort

Der Film wird im Bereich der Wissenschaften als Unterrichts-, Forschungs- und Dokumentationsmittel angewendet. Während wissenschaftliche Unterrichts- und Dokumentationsfilme in den meisten Fällen aus der Zusammenarbeit zwischen Wissenschaftlern und einem Filminstitut hervorgehen, werden Forschungsfilmaufnahmen häufiger von fachwissenschaftlichen Instituten selbst durchgeführt. Das ist natürlich nur bei solchen Filmaufnahmen möglich, für die an den betreffenden Instituten Geräte vorhanden sind. Sonst muß auch hier die Hilfe eines entsprechend ausgestatteten Filminstituts in Anspruch genommen werden. Will nun ein Wissenschaftler für eine bestimmte Fragestellung den Film als Forschungsmittel in Betracht ziehen, dann muß er über die Technik der wissenschaftlichen Kinematographie informiert sein, um die Voraussetzungen für die Anwendung dieser Methoden prüfen zu können. Erst dann kann er die Möglichkeiten der kinematographischen Verfahren voll ausschöpfen und auch ihre Grenzen in Rechnung stellen.

Das vorliegende Buch soll mit seinen technischen Erklärungen zur wissenschaftlichen Kinematographie nicht nur dem Ingenieur und Physiker dienen, sondern in gleicher Weise auch dem Zoologen, Botaniker, Mediziner, — also allen Forschern, denen die Erfassung und Deutung von Bewegungsvorgängen obliegt, von Nutzen sein. Es soll allen Wissenschaftlern, die sich für die Kinematographie als Forschungsmittel interessieren, als Grundlage dienen und ihnen die Möglichkeit bieten, ausgehend vom kinematographischen Prinzip bei der Filmvorführung die Aufnahmeverfahren für normalfrequente, zeitgeraffte und zeitgedehnte Forschungsfilme und deren Auswertmöglichkeiten kennenzulernen. Dabei wurde Wert darauf gelegt, nicht nur die Verfahren hinsichtlich ihrer praktischen Anwendbarkeit zu erläutern, sondern auch die verschiedenen Aufnahmeprinzipien und die durch sie bedingten Abbildungsfehler und Leistungsgrenzen herauszustellen.

Ich danke allen Mitarbeitern vom Göttinger Institut für den Wissenschaftlichen Film, besonders den Herren Dr. G. Bekow und Dr. W. Hinsch, die mir bei der Zusammenstellung meiner Manuskriptunterlagen geholfen haben, sowie dem Direktor des Instituts, Herrn Prof. Dr.-Ing. G. Wolf, als dem Herausgeber der Schriftenreihe „Der Wissenschaftliche Film". Ich danke auch den im Quellennachweis genannten Firmen für die Genehmigung zur Wiedergabe von Abbildungen und Überlassung von Bildvorlagen.

Göttingen, im Frühjahr 1968 *J. Rieck*

Inhalt

Einleitung

Informationsmöglichkeiten mit Hilfe von Photographie und Kinematographie

Die Kinematographie hat sich aus der Photographie entwickelt und dient dazu, Bewegungsvorgänge bildlich zu dokumentieren, um sie später mit Hilfe der kinematographischen Projektion einem mehr oder weniger großen Kreis von Interessenten auf dem Bildschirm wieder vorzuführen oder sie Bild für Bild auszuwerten — zu vermessen —, um einen Bewegungsvorgang zu analysieren. Einzelphoto — Reihenbild — Film, das ist der Weg zur Kinematographie. Zur klaren Begriffsbestimmung muß zunächst das Wesen der Kinematographie und weitergehend das der wissenschaftlichen Kinematographie erläutert werden.
Um einen Bewegungsvorgang bei der kinematographischen Projektion auch als Bewegung wahrnehmen zu können, braucht man eine Mindestzahl von Bewegungsphasen, die in einer bestimmten Zeit ablaufen müssen, damit sie vom Auge physiologisch als „Laufbild" wahrgenommen und erkannt werden können. Die genormte Vorführfrequenz der Filme in der Kinotechnik ist 24 B/s (Bilder je Sekunde), beim Fernsehen 25 B/s. Man hat festgestellt, daß etwa eine knappe Sekunde notwendig ist, um im filmischen Ablauf auf dem Bildschirm dem Beobachter überhaupt eine Bewegung bewußt machen zu können. Man muß daher mindestens 20 Bewegungsphasen (etwa 0,8 s) zur Verfügung haben, um das kinematographische Prinzip einer „Laufbild"-Projektion zu erfüllen [71,38]. Es sollen daher hier alle die und nur die Verfahren als echte kinematographische Verfahren angesprochen werden, die mindestens 20 in gleichem (zeitlichen) Abstand aufeinanderfolgende Phasenbilder liefern und daher auch bei der Projektion als Bewegungen erkannt werden können.
Grundlage und Ausgangspunkt der Kinematographie ist die Photographie. Auf dem Film befinden sich ja einzelne nacheinander photographisch aufgenommene Bilder, die durch den Filmprojektor mit einer bestimmten Geschwindigkeit wieder nacheinander projiziert werden, so daß im „Laufbild" auf dem Bildschirm der fließende und scheinbar lückenlose Bewegungseindruck entsteht. Die Photographie ist also Voraussetzung. Alles, was mit dem Wesen und dem Zustandekommen des photographischen Bildes, dessen Fixierung und Kopierfähigkeit zusammenhängt, ist nicht Gegenstand dieses Buches, sofern nicht Film- und Kinotechnik die Behandlung spezieller Gesichtspunkte beim Zustandekommen des Einzelphotos erforderlich machen. Das Photo-

graphieren schlechthin wird als bekannt vorausgesetzt. Das schließt auch spezielle und gerade für die Wissenschaft wichtige Aufnahmeverfahren wie Mikro-, Röntgen- und Infrarot-Photographie ein. Denn das rein photographische Verfahren beim Einzelbild unterscheidet sich durch nichts von dem beim Reihenbild oder Film. Die Kinematographie erweitert nur die Anwendung der Photographie durch das schnelle Nacheinander der Aufnahmen vieler Einzelbilder auf dem Film, die dann in geeigneten Projektionsapparaten als „Laufbild" der aufgenommenen Bewegungen dargeboten werden können. So fällt der Einzelbild-Photographie die bildliche Dokumentation des Statischen, der Kinematographie die des Kinematischen (und Dynamischen) zu. Die Kinematographie ist das Mittel der bildlichen Bewegungsdokumentation [103].

Diese Gegenüberstellung weist auch der Photographie und der Kinematographie die Plätze in der Wissenschaft im Rahmen der sonstigen Demonstrations- und Dokumentationsmittel zu. Darüber hinaus macht aber eine nur der Kinematographie eigentümliche technische Möglichkeit diese Methode zu etwas Besonderem und damit zu einem speziellen und unentbehrlichen Hilfsmittel der Forschung: Die Möglichkeit der bildmäßigen Zeittransformation von Bewegungsabläufen. Gegenüber dem Ablauf der Bewegung in natürlicher Geschwindigkeit kann man durch Zeitraffung den Bewegungsablauf im Projektionsbild beschleunigen oder durch Zeitdehnung verlangsamen. Es gibt nämlich keine andere Möglichkeit, um bei Beobachtungen beliebiger Bewegungen (das Stroboskop ist nur für periodische Bewegungsabläufe anwendbar) den Zeitmaßstab gegenüber dem in der Natur ablaufenden Vorgang zu ändern, nämlich das, was von Natur mit einer sehr langsamen Geschwindigkeit abläuft, schneller (gerafft) beobachten zu können oder das, was sehr schnell abläuft (zu schnell, um es überhaupt erkennen zu können) langsamer, d. h. im Ablauf zeitlich gedehnt sehen zu können. Diese Möglichkeit bietet allein die Kinematographie mit Zeitraffung und Zeitdehnung, wobei mit dem Film ein bleibendes Bilddokument geschaffen wird, das nun im Ablauf wiederholt und auch von mehreren Beobachtern gleichzeitig in der Projektion betrachtet werden kann. Außerdem können am Film in aller Ruhe von Bild zu Bild Ausmessungen vorgenommen werden, die über die reine Beobachtung hinaus zahlenmäßige Unterlagen über die Bewegungsvorgänge (Größen- und Formenänderungen von Flächen, Zeit-Weg-Kurven und daraus Geschwindigkeiten und Beschleunigungen) liefern. Das ist das Kennzeichen der *wissenschaftlichen* Kinematographie: Die normalfrequente Filmaufnahme, wenn sie als Bewegungsdokument für einen wissenschaftlich interessierenden Bewegungsablauf in natürlicher Geschwindigkeit benutzt wird, die zeitgeraffte oder zeitgedehnte Filmaufnahme, wenn mit Hilfe des veränderten Zeitmaßstabes neue Erkenntnisse aus der Bewegungsanalyse gewonnen werden. Dieser Zeitfaktor und die willkürliche Veränderung des Zeitfaktors bei Beobachtungen von Bewegungen und bei Erforschung von Bewegungsvorgängen in Verbindung mit allen durch die Photographie gegebenen Abbildungsmöglichkeiten sind das Wesentliche und Besondere dieser Technik, die die Photographie zur Grundlage hat, aber darüber hinaus spezielle Möglichkeiten für die wissenschaftliche Dokumentation und die Forschung bietet.

Wie groß ist nun die Informationsmöglichkeit, die die wissenschaftliche Kinematographie als Hilfsmittel der Forschung bietet? Geht man zunächst von dem einzelnen Bild eines 16-mm-Schmalfilms mit einer Bildfläche von $A_\mathrm{F} = 77$ mm^2 aus und rechnet dabei mit einem bei Zeitdehner-Filmaufnahmen mit gebräuchlichen Filmmaterialien vorhandenen Auflösungsvermögen von 25 Doppellinien/mm (die Ausmeßgenauigkeit auf der photographischen Schicht beträgt bei Filmauswertgeräten etwa $\pm$ 0,01 mm), so ergeben sich daraus rd. $2 \cdot 10^5$ ausmeßbare Bildpunkte. Werden jedem Meßpunkt im Bild dann noch etwa 10 eindeutig differenzierbare Graustufen zugeordnet, so kann man mit einem Informationsinhalt von $2 \cdot 10^6$ „bit/Bild" rechnen. Würden Zeitdehner-Filmaufnahmen z. B. mit einer Aufnahmefrequenz von $10 \cdot 10^6$ B/s (Bilder je Sekunde) gemacht werden, so betrüge die Information einer solchen Zeitdehner-Aufnahme auf 16-mm-Film etwa $2 \cdot 10^{13}$ „bit/s" [69]. Wie weit und mit welchen Mitteln diese theoretisch berechnete Informationsmöglichkeit bei der bildmäßigen Kinematographie in der Forschung nun tatsächlich nutzbar gemacht werden kann, darüber sollen die Seiten dieses Buches Auskunft geben.

I. Die Filmprojektion und das kinematographische Prinzip

Ausgangspunkt der Betrachtung ist das Einzelbild in der Dia-Projektion. Die Wendeln einer Glühlampe L, sowie ein in den Zwischenräumen zwischen den Wendeln durch den Kugelspiegel Sp (Abb. 1) entworfenes Bild dieser Wendeln, werden über den Kondensor K in der Blendenebene des Objektivs O abge-

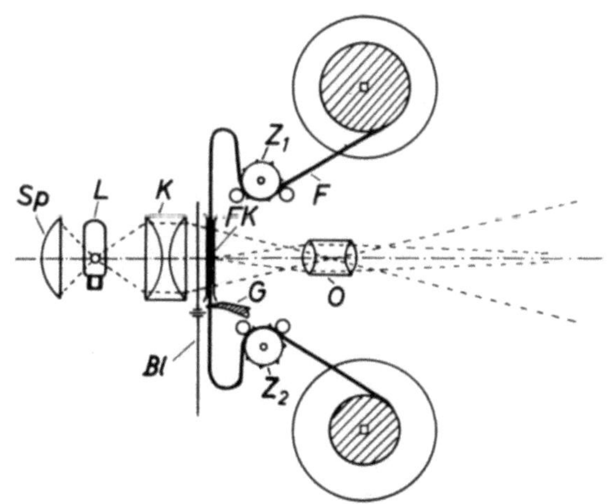

Abb. 1 Aufbau und Strahlengang bei einem 16-mm-Filmprojektor

Sp Kugelspiegel
L Glühlampe
K Kondensor
Bl Flügelblende
FK Filmkanal
G Greifer
Z₁ Vorwickel-Zahntrommel
Z₂ Nachwickel-Zahntrommel
F Film
O Objektiv

bildet, wobei die Dia-Fläche möglichst gleichmäßig ausgeleuchtet wird. Nur der Lichtstrom, der durch die Objektivblende geht (möglichst vollständiges Bild des Wendelfeldes in der Blendenöffnung) gelangt auf den Bildschirm. Der Abbildungsstrahlengang erfaßt die ganze Dia-Fläche und bildet ihre einzelnen Punkte über das Objektiv O auf dem Bildschirm ab. Das ist der Strahlengang beim Dia-Gerät mit Glühlampe, genauso wie beim *Film-Projektor mit Glühlampe* (vorwiegend also bei Schmalfilm). Bei der Normalfilm-Theaterprojektion mit Kohlenbogen-Lampe oder mit Xenon-Höchstdrucklampe oder Ähnlichem wird der leuchtende positive Krater der Kohle oder der leuchtende Bogen der Xenon-Höchstdrucklampe über z. B. einen Ellipsoid-Spiegel mit großem Öffnungswinkel auf dem Bildfenster abgebildet, so daß das Filmbild gleichmäßig durchleuchtet wird (Abb. 2). In beiden Fällen will man ein möglichst helles und möglichst gleichmäßig ausgeleuchtetes Schirmbild haben.
Der Übergang vom Dia- zum Film-Projektor besteht nun darin, daß das Bild im Bildfenster fortlaufend so schnell gewechselt wird, daß dem Beobachter das Nacheinander von Einzelbildern auf dem Bildschirm nicht bewußt wird, sondern nur ein einziges *Bewegungsbild* wahrgenommen wird. Damit nun das

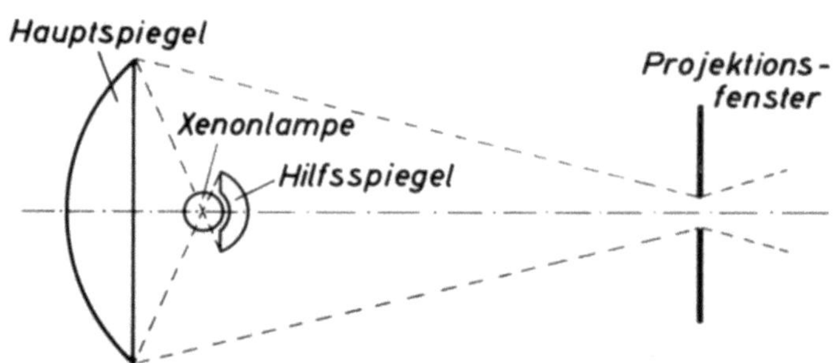

Abb. 2 Beleuchtungs-Strahlengang beim Theaterprojektor

Auge das Ineinanderfließen als Bewegung empfindet und über den Wechsel einzelner stehender Bewegungsphasen hinweggetäuscht wird, sind drei Voraussetzungen erforderlich. Das Auge bemerkt diese Täuschung nicht, wenn

1. die Aufeinanderfolge der einzelnen Bilder schnell genug erfolgt, d. h. die Vorführfrequenz einen bestimmten Mindestwert überschritten hat,
2. der eigentliche Vorgang des Bildwechsels, d. h. der Wechsel je eines Phasenbildes gegen ein anderes abgedeckt wird,
3. bei der Aufeinanderfolge der Phasenbilder kein Helligkeitsflimmern auftritt.

Um einen schnellen Bildwechsel technisch durchführen zu können, werden die einzelnen Phasenbilder auf einem Band, dem *Film*, angeordnet, der seitlich am Rand Perforationslöcher besitzt, um ihn mit geeigneten Vorrichtungen Bild für Bild weiterschalten zu können. Die Haupt-Filmformate, die beim wissenschaftlichen Film eine Rolle spielen, sind:

a) Für die Aufnahme: der Normalfilm 35 mm (Breite 35 mm)
   der Schmalfilm 16 mm (Breite 16 mm)
   in Sonderfällen:
   der Schmalfilm 8 mm (Breite 8 mm)
b) für die Vorführung: der Schmalfilm 16 mm
   (Der Schmalfilm 8 mm Type S, z. B. der Super-8-Film, könnte in Zukunft auch eine Rolle spielen.)

Abb. 3 zeigt die Abmessungen der Bildflächen dieser Filmformate, die für die Aufnahme zur Verfügung stehen.

Aufnahme-Bildfläche vom: 35-mm-Film: $A_\mathrm{F} = 352$ mm²
16-mm-Film: $A_\mathrm{F} = 77{,}2$ mm²
Super-8-mm-Film: $A_\mathrm{F} = 23{,}9$ mm²
Standard-8-mm-Film: $A_\mathrm{F} = 17{,}6$ mm²

Bei der Wiedergabe spielt die Nutzfläche des Filmbildes für die Bildhelligkeit der Projektion eine Rolle (beim wissenschaftlichen Film das 16-mm-Format mit $A_\mathrm{F} = 67{,}1$ mm²).

Für die Bildqualität kann speziell beim wissenschaftlichen Film (z. B. Mikro-Aufnahmen) die Gesamtzahl der Bildpunkte von Bedeutung sein. Bei einem angenommenen Auflösungsvermögen von 100 Linienpaaren/mm und hinreichenden Kontrasten sind das, unter Zugrundelegung dieses Kriteriums, für die Bildpunktzahl vergleichsweise bei den vorhergenannten Bildflächen:

Beim Schmalfilm Standard-8-mm:
176 000 aufgelöste Punkte

Beim Schmalfilm Super-8-mm:
239 000 aufgelöste Punkte

Beim Schmalfilm 16 mm:
772 000 aufgelöste Punkte

Beim Normalfilm 35 mm:
3 520 000 aufgelöste Punkte

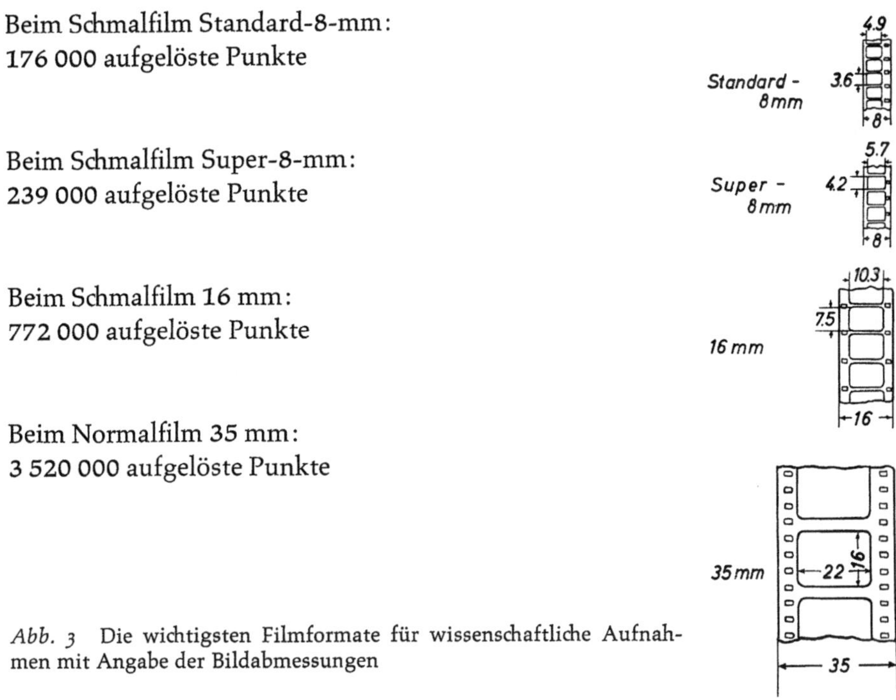

Abb. 3　Die wichtigsten Filmformate für wissenschaftliche Aufnahmen mit Angabe der Bildabmessungen

Für die Wahl des Filmformats können aber noch andere Gesichtspunkte maßgebend sein. Die Bearbeitbarkeit beim Filmschnitt ist allgemein bei größeren Formaten besser als bei kleineren. Die Filmkopieranstalten sind bisher auf die Bearbeitung von 35-mm-Film und 16-mm-Film besser eingerichtet als auf 8-mm-Film. Darunter sind Arbeiten zu verstehen wie die nachträgliche Einfügung von Blenden der verschiedenen Art, das Einkopieren von Worten und Zeichen an bestimmten Stellen der Bildfläche usw. Bei gleicher Präzision der Bearbeitungsmaschinen für die verschiedenen Filmformate werden die Absolutwerte der Toleranzen gleich groß sein. Je größer also das Filmformat ist, desto weniger treten diese Abweichungen relativ zur Nutzfläche des Films in

Erscheinung. Auch das *Auswerten am Einzelbild*, das Nachzeichnen und Ausmessen von Flächen, Strecken usw. kann am größeren Bild mit der größeren Bildpunktzahl mit größerer Genauigkeit vorgenommen werden als bei kleineren. Aus allen diesen Gründen (darüber hinaus auch noch aus verschiedenen gerätetechnischen Gründen) ist das Hauptformat des wissenschaftlichen Films der 16-mm-Film, daneben der 35-mm-Film, wenn es auf besonders hohes Auflösungsvermögen (Mikro-Kinematographie) ankommt und in Sonderfällen der 8-mm-Film, wenn man bei Einhaltung des üblichen Bildformates von etwa 3 x 4 eine geringere Bildhöhe, z. B. wegen des kleineren Schaltschrittes bei Zeitdehner-Geräten, haben will. Für die Vorführung wissenschaftlicher Filme werden üblicherweise alle diese Aufnahmeformate zur Wiedergabe auf 16-mm-Film umkopiert, damit diese 16-mm-Kopien auf den handelsüblichen und im wissenschaftlichen Bereich allgemein vorhandenen 16-mm-Schmalfilm-Projektoren vorgeführt werden können.

Soviel sei hier über das Filmband und das Filmformat gesagt als Voraussetzung für die Behandlung des schnellen Weiterschaltens von Bild zu Bild. Die Fortschaltung des Films erfolgt nämlich bei den Projektoren (wie auch bei den üblichen Aufnahmekameras mit begrenzter Aufnahmefrequenz) *ruckweise*, d. h. der Film wird jeweils um eine Bildhöhe weitergezogen, steht einen Augenblick still und wird während dieser Standzeit projiziert, wird dann wieder abgedeckt und um eine Bildhöhe weitergezogen zur Projektion des nächsten Bildes. Die zeitliche Aufeinanderfolge dieser Einzelbilder, die Bildwechselfrequenz f_W des Filmes bei der Wiedergabe, muß einen bestimmten Mindestwert überschreiten, damit ein fließender Bewegungsvorgang in der Filmprojektion nicht ruckweise abzulaufen scheint und die einzelnen Phasenbilder nicht getrennt erkennbar werden. Nach Thun [90] genügen bei langsamen Gegenstandsbewegungen f_W = 5 ... 8 B/s (Bilder je Sekunde), bei der Mehrzahl 16 ... 24 B/s und bei den schnellsten noch wahrnehmbaren Bewegungen 50 ... 80 B/s zur naturgetreuen Bewegungswiedergabe. Die Bildwechselfrequenz bei der Vorführung von Tonfilmen ist daraufhin mit f_W = 24 B/s (beim Fernsehen 25 B/s) normenmäßig festgelegt worden (auch mit Rücksicht auf tontechnische Fragen). Bei Stummfilmen im Amateurbereich sind auch die Bildwechselfrequenzen f_W = 16 oder 18 B/s üblich (speziell bei 8-mm-Film). Darunter geht man bei der Filmprojektion allerdings nicht. *Die Bildwechselfrequenz bei der Vorführung wissenschaftlicher Filme, gleichgültig ob Ton- oder Stummfilm liegt bei f_W = 24 B/s.* Es gibt allerdings auch 16-mm-Schmalfilm-Projektoren mit zwischen 16 und 24 B/s stetig veränderbarer Vorführfrequenz, um Stummfilme auch langsamer ablaufen lassen zu können (Amateuraufnahmen oder historische Aufnahmen früherer Zeiten).

Für die Durchführung dieser ruckweisen Schaltungen des Films mit der angegebenen Frequenz werden spezielle Schaltorgane verwendet. In der Projektion haben sich dafür 2 Haupttypen herausgebildet, für Schmalfilm der *Greifer* und für Normalfilm das *Malteserkreuz*. Der Greifer (Abb. 4) greift mit einer oder mehreren Spitzen in die Filmperforation, zieht den Film bei seiner Abwärtsbe-

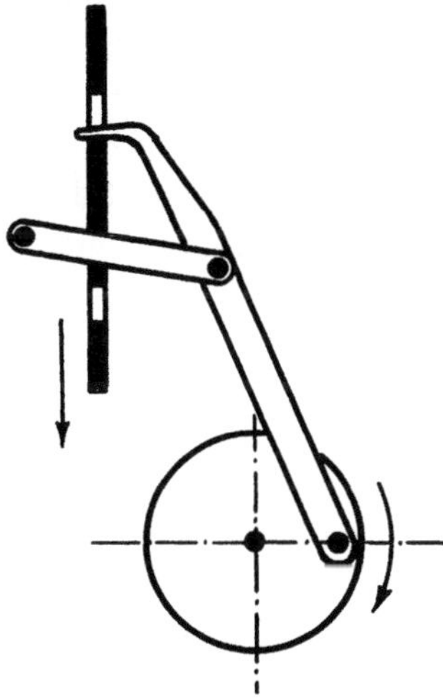

Abb. 4   Schaltprinzip eines Projektor-Greifers

wegung um eine Bildhöhe nach unten, tritt dann aus der Perforation aus, bewegt sich frei nach oben und beginnt einen neuen Schaltzyklus. Die Steuerung des Greifers kann auf verschiedene Weise erfolgen und wird bei der Besprechung der normalfrequenten Aufnahmekameras, die für die Filmschaltung ausschließlich den Greifer benutzen, näher besprochen. Abb. 4 zeigt das Schalt-

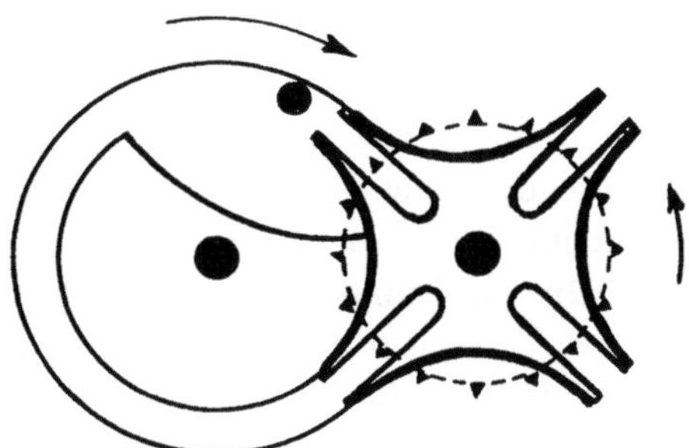

Abb. 5   Getriebeprinzip vom Malteserkreuz

prinzip eines Projektor-Greifers. Das Malteserkreuz-Getriebe für Normalfilm ist robuster. Bei diesem Schritt-Schaltwerk greift der Stift einer Stiftscheibe in die Nuten am Malteserkreuz (Abb. 5) und dreht die Achse des Kreuzes, auf der die Filmschaltrolle sitzt, jeweils um eine Vierteldrehung, wobei der Film um eine Bildhöhe weitertransportiert wird.

Wichtig ist bei der Projektion die Größe von Standzeit und Schaltzeit des Films. Zur Kennzeichnung hat man das *Schaltverhältnis* S_V als Verhältnis von t_{sch} zur Gesamtzeit T einer Schaltperiode definiert ($S_V = \frac{t_{sch}}{T}$). Man will die Schaltzeit möglichst kurz, die Standzeit, während der das Einzelbild projiziert wird, möglichst lang machen, um einen hohen Nutzlichtstrom und damit eine große Schirmbildhelligkeit zu erzielen. Dem schnellen und kurzzeitigen Weiterschalten sind aber Grenzen gesetzt. Die Masse eines bestimmten Filmstückes (Unterschied zwischen Schmal- und Normalfilm) muß bei jeder Schaltung vom Stillstand auf Maximalgeschwindigkeit gebracht und dann wieder bis zum Stillstand abgebremst werden. Die Höhe der Bildwechselfrequenz, die Größe des Schaltschrittes, die Schaltgeschwindigkeit und damit die auftretenden Beschleunigungen und Verzögerungen im Zusammenwirken mit der bremsenden Wirkung des Bildfensterandrucks haben Einfluß auf die *Bildstandsschwankungen*, auf das sog. „Stehen" des Bildes. Die bei der Projektion nach Seite und Höhe üblicherweise zugelassenen Toleranzen betragen 0,3 % der Bildbreite bzw. der Bildhöhe, bei Aufnahmekameras sind die zulässigen Werte geringer [24]. Diese Zahlenangabe bezieht sich auf normale Projektionsverhältnisse. Abnormal werden z. B. die Verhältnisse durch Verschmutzung der Gleitkufen für den Film, bei Schrumpfung des Films über 1 % oder gar bei Perforationsschäden. Bei Schmalfilm-Projektoren mit Greiferschaltung kommt man mit dem Schaltverhältnis S_V günstigenfalls bis 1:8 (bei Aufnahmekameras bis 1:4).

In der kurzen Zeit des Bildwechsels (bei $f_W = 24$ B/s und $S_V = 1:8$ ist die Schaltzeit $t_{sch} \approx 1/200$ s) muß die Projektion abgedeckt werden, damit Forderung 2 nach unsichtbarem Bildwechsel erfüllt wird. Das geschieht bei der Schmalfilm-Projektion durch eine *rotierende Flügelblende*. Der Schaltsektor muß den Beleuchtungsstrahlengang beim Beginn der Filmbewegung bereits völlig abgedeckt haben und darf erst wieder beginnen, ihn frei zu lassen, nachdem das Filmbild nach dem Transport zum Stehen gekommen ist, sonst „zieht die Blende" (auf dem Schirmbild sieht man besonders bei heller Schrift auf dunklem Grund nach oben oder unten Kometenschweife). Die rotierende Flügelblende befindet sich bei Schmalfilm-Projektoren zwischen Lampe oder Lampenkondensor und Bildfenster (Bl in Abb. 1) und dient gleichzeitig etwas zur Bildfensterkühlung. Soll auch bei stehendem Film projiziert werden, so muß dafür gesorgt werden, daß ein zusätzlicher Wärmeschutz (Filter) automatisch zwischen Lampe und Bildfenster geschaltet wird. Dieses Wärmeschutzfilter setzt bei stehendem Bild die Schirmbildhelligkeit ganz erheblich herab, schützt den Film aber doch nicht völlig vor stärkerer Erwärmung und Austrocknung an der betreffenden Stelle. Man sollte deshalb bei der Projektion auf einen großen Bildschirm wegen zu geringer Schirmbildhelligkeit darauf verzichten. Anders dagegen bei dem kleinen Schirmbild (z. B. in der Größe

DIN A 4) eines Auswertprojektors, bei dem bei genügendem Wärmeschutz und kleiner Lampenleistung die Schirmbildhelligkeit auf dem Tisch des Auswerters für die Auswertzwecke (Konturen nachzeichnen, Strecken ausmessen, Punkte markieren usw.) völlig ausreicht.

Die rotierende Flügelblende des Projektors hat noch eine zweite Funktion. Sie betrifft die Forderung Nr. 3, daß nämlich bei Fortschaltung der Bildfolgen kein *Helligkeitsflimmern* auftreten darf. Wenn man vor einer Lichtquelle, z. B. einer Glühlampe, eine Kreisscheibe mit Sektorausschnitt γ langsam rotieren läßt, so kann das Auge den Hell-Dunkel-Phasen folgen (es flimmert). Erst von einer bestimmten Mindestdrehzahl an, hört das Flimmern infolge Trägheit der Augen-Netzhaut auf, es entsteht ein stetiger Helligkeitseindruck, der allerdings gegenüber der Leuchtdichte der Glühlampe je nach Sektorgröße γ herabgesetzt ist. Das Talbotsche Gesetz besagt, daß von dieser sogenannten Verschmelzungsfrequenz f_V an der Helligkeitseindruck (Leuchtdichte) bei Hell-Dunkel-Wechsel konstant ist (Flimmerfreiheit), aber so herabgesetzt wird, als ob die Leuchtdichte der Hell-Zone (Winkel γ) sich über die gesamte Hell-Dunkel-Phase (360°) gleichmäßig verteilt $L = L_o \dfrac{\gamma}{360}$. Dieser Vorgang liegt auch der kinematographischen Projektion zu Grunde. Durch den erforderlichen Schaltsektor der Flügelblende (Abdeckung des Filmtransports) treten ja ständig Hell-Dunkel-Wechsel auf, und zwar bei f_W = 24 B/s sind das 24 Wechsel in der Sekunde (Hz). Zur Erreichung der für die Flimmerfreiheit erforderlichen Verschmelzungsfrequenz sind aber etwa 48 Wechsel in der Sekunde erforderlich. Deshalb ist also mindestens noch ein zweiter Dunkelsektor nötig (Flimmersektor), um je Sekunde 24 × 2 = 48 Hell-Dunkel-Wechsel zu erreichen. Bei f_W = 16 B/s müßten es im ganzen 3 Sektoren sein, denn dann erfolgten 16 × 3 = 48 Wechsel je Sekunde. Damit der erzielte Helligkeitseindruck laut Talbotschem Gesetz so groß wie möglich ist, macht man den Schaltsektor natürlich nur so groß, daß er gerade nur während des Filmtransports verdunkelt (das richtet sich nach dem Schaltverhältnis). Die Sektoren müssen alle von etwa gleicher Größe sein, denn bei ungleichen Flügelbreiten (z. B. Schaltsektor breiter als Flimmersektor) erhöht sich unter sonst gleichen Bedingungen die Verschmelzungsfrequenz, und die Flimmeranfälligkeit wächst erheblich. Die Verschmelzungsfrequenz ist aber auch helligkeitsabhängig, in unserem Fall also abhängig von der Schirmbildhelligkeit (Bildschirmleuchtdichte). Je höher die Schirmbildleuchtdichte L_S, desto höher ist die Verschmelzungsfrequenz f_V. Außerdem spielt das Verhältnis von Hell-Teil H zu Dunkel-Teil D der Flügelblende eine Rolle. Die vorher genannte Zahl von 48 Hell-Dunkel-Wechseln je Sekunde (Hz) bezieht sich z. B. auf eine Zweiflügelblende bei einer Bildschirmleuchtdichte von L_S = 100 asb und einem H:D = 2:1 (Zweiflügelblende mit zwei Hellsektoren von je 120° und zwei Dunkelsektoren von je $60°$, Schaltverhältnis 1:6). Die genauen Abhängigkeiten von Verschmelzungsfrequenz, Bildschirmleuchtdichte und H:D-Verhältnis in der Kino-Projektion zeigt Abb. 6 [1].

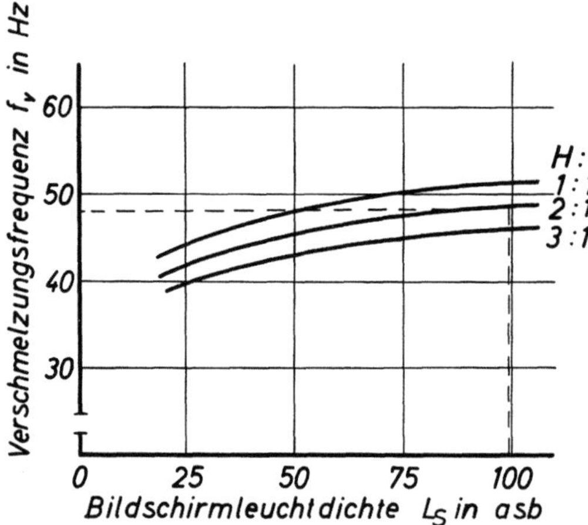

Abb. 6   Verschmelzungsfrequenz bei einer symmetrischen Flügelblende

Damit wären die drei Voraussetzungen für das kinematographische Prinzip zur „Vortäuschung" von Bewegungen durch das schnelle Hintereinander der Projektion von Einzelbildern abgehandelt. Zur Vervollständigung ist nun noch die gesamte Filmführung und der Filmtransport durch den Projektor in Abb. 1 (S. 13) dargestellt. Der Film F läuft von der Abwickelspule (obere Spule) über die Vorwickel-Zahntrommel Z_1 mit einer Schleife (Vorrat für den ruckweisen Filmtransport) in den Filmkanal FK. Unterhalb des Bildfensters sitzt der Greifer G oder die Schaltrolle vom Malteserkreuz für den ruckweisen Transport. Jetzt folgt wieder eine Schleife (untere Schleife) vor dem Einlauf in die Nachwickel-Zahntrommel Z_2, und von da geht es beim Tonfilm durch das Ton-Laufwerk, beim Stummfilm direkt zur Aufwickelspule. Eine Friktion an der Aufwickelspule sorgt für den zur Aufwicklung notwendigen Filmzug. Der Anfang des Films liegt also nach der Projektion im Innern der Spule am Spulenkern. Zur Wiedervorführung muß die Kopie umgespult werden, damit der Filmanfang außen liegt.

Nun noch zum Schluß etwas über den Nutzlichtstrom des Filmprojektors und die Schirmbildhelligkeit (Bildschirmleuchtdichte L_S). Alle Betrachtungen sollen sich auf den 16-mm-Schmalfilm-Projektor beziehen, denn — wie bereits häufiger betont — ist die 16-mm-Filmkopie beim wissenschaftlichen Film das Standardformat für die Vorführung. Als Lichtquelle wird für die transportablen Projektoren ausschließlich die Glühlampe in der speziellen Form der Bildwerferlampe benutzt. Bei dieser besteht das Wendelfeld aus einzelnen nebeneinan-

Abb. 7 Normalfilm- und Schmalfilm-Kinomaschinen nebeneinander im Bildwerferraum

der liegenden Wendelsäulen, die in einer oder zwei Ebenen angeordnet sind (Monoplan- und Biplan-Lampen). Die mittlere Leuchtdichte des Wendelfeldes (auf die es bei dieser Lampenart ankommt) ist relativ hoch und liegt je nach Lampentype und -größe zwischen L_0 = 2000 und 4000 sb. Die Lebensdauer der Lampen beträgt je nach Type 25 oder 50 Stunden. Standortgebundene 16-mm-Schmalfilm-Projektoren ähneln den Normalfilm-Theaterprojektoren (Abb. 7) und haben meistens als Lichtquelle eine Xenon-Höchstdrucklampe wie in Abb. 8 dargestellt. Der Nutzlichtstrom eines transportablen Bildwerfers mit Lampe 500 W 110 V, wie er oft in Hochschulen benutzt wird, liegt bei Φ_N = 400 lm. Geht man von einem Lichtstrom der nackten Lampe von Φ_0 = 12 500 lm aus, so erreicht der lichttechnische Wirkungsgrad des Schmalfilm-Projektors den Wert von η_L = 3,2 %. Die Hauptverluste treten auf durch die begrenzte lampenseitige Apertur, die rotierende Flügelblende, die Verluste im rechteckigen Bildfenster und durch die Verluste beim Durchgang durch die Linsen.
Für die Bildschirmleuchtdichte wird normenmäßig ein bestimmter Wert angestrebt, damit die Kopien in ihrer Dichte auf diesen Wert eindeutig abgestellt werden können (sonst wirken sie entweder zu dunkel oder zu flau). Für die Theaterprojektion mit Normalfilm ist hierfür nach DIN 15 571 eine Bildschirmleuchtdichte in der Mitte der Bildwand von L_S = 120 asb mit entsprechender Toleranz und einer bestimmten Gleichmäßigkeit über die Bildschirmfläche festgelegt. Für Schmalfilm 16 mm (also das Gebiet der wissenschaftlichen Kinematographie) wird ein Wert von 100 asb ± 50 asb (DIN 15 671) angestrebt. Die Bildschirmleuchtdichte errechnet sich folgendermaßen, wobei

Abb. 8   Xenonlampe im Lampenhaus einer 16-mm-Kinomaschine

E die mittlere Beleuchtungsstärke und ϱ den Reflexionsgrad und A_S die Fläche des Bildschirms bezeichnet:

$$L_\mathrm{S} = E \cdot \varrho$$

$$E = \frac{\varPhi_\mathrm{N}}{A_\mathrm{S}}$$

$$L_\mathrm{S} \quad \frac{\varPhi_\mathrm{N}}{A_\mathrm{S}} \cdot \varrho \quad \text{in asb}$$

Bei gegebenem Nutzlichtstrom des Filmprojektors, z. B. wie oben $\varPhi_\mathrm{N} = 400$ lm, einem Reflexionsgrad des Bildschirmes von $\varrho = 0{,}75$ (z. B. diffus streuende weiße Wandfläche) und einer mittleren Bildschirmleuchtdichte von $L_\mathrm{S} = 100$ asb kann die diesen Werten entsprechende Flächengröße des Schirmbildes A_S in m² errechnet werden. Sie beträgt

$$A_\mathrm{S} = \frac{\varPhi_\mathrm{N}}{L_\mathrm{S}} \cdot \varrho = \frac{400}{100} \cdot 0{,}75 = 3 \text{ m}^2$$

Bei einem Seitenverhältnis des Schirmbildes von Höhe zu Breite wie 3:4 entspricht dieser Flächenwert einer Schirmbildbreite von b_S = 2,3 m. Nach einer Faustformel soll bei der üblichen Filmprojektion (d. h. Breitwand und Ähnliches ausgeschlossen) die Bildbreite etwa ¹/₅ der Raumlänge entsprechen. Bei einer Objektiv-Brennweite von f = 50 mm und Filmbildbreite beim 16-mm-Film von $b_F \approx$ 10 mm steht dann der Projektor an der Raumrückwand. Das wäre hier also ein Raum von rd. 10 m Länge. Man kann die Raumlänge (allerdings auf Kosten der Raumbreite) vergrößern, wenn man Bildschirme mit

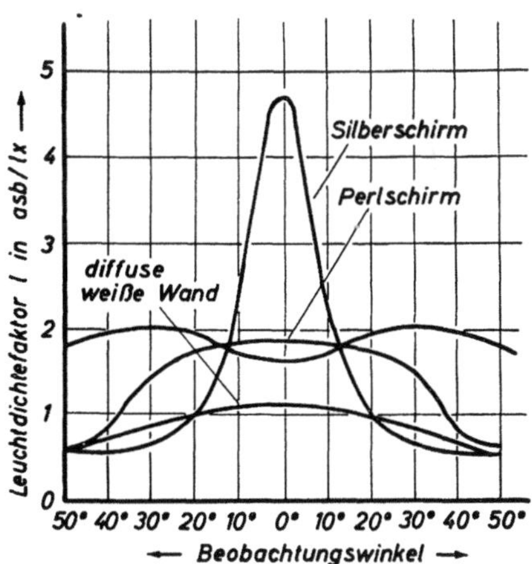

Abb. 9   Reflexions-Indikatrices von Bildschirmen

Richt-Charakteristik (Reflexwände) benutzt. Die Abb. 9 zeigt vergleichend die Leuchtdichte-Indikatrices für zwei diffuse Bildschirme, einen Perl- und einen Silberschirm. Bei Berechnung der in den verschiedenen Beobachtungsrichtungen wirksamen Leuchtdichtewerte muß statt des Reflexionsgrades ϱ bei diffuser Reflexion (wirksame Bildschirmleuchtdichte nach allen Richtungen gleich groß) der Leuchtdichtefaktor l (Definition $l = \dfrac{L}{E}$) entsprechend der Indikatrix der betreffenden Bildschirmart eingesetzt werden.

$$L_S = E \cdot l \quad \text{in asb}$$

Es ist aus den Kurven zu entnehmen, daß Beobachtern, die in der Mittelachse des Raumes oder in deren Nähe sitzen, höhere Schirmbildhelligkeiten geboten werden, daß aber die weiter seitlich Sitzenden hinsichtlich der Bildhelligkeit je nach Bildschirmart und Größe des seitlichen Beobachtungswinkels mehr oder weniger stark benachteiligt sind. Für Unterrichtsräume und Vortragssäle, die ja im allgemeinen niemals ganz besonders lang und dabei ganz besonders schmal sind, empfiehlt sich deshalb immer der diffus reflektierende Bildschirm, bei dem allen Plätzen gleiche Bildhelligkeit geboten wird.

II. Die normalfrequente Filmaufnahme

Bei der *Projektion* wird das durchleuchtete Filmbild auf dem Bildschirm abgebildet. Bei der *Aufnahme* wird der beleuchtete Gegenstand auf dem Film abgebildet. Von den drei Bedingungen für die kinematographische Projektion — schnelles Aufeinanderfolgen der Phasenbilder, Abdeckung des Bildwechsels und Vermeidung von Helligkeitsflimmern — ist für die Filmaufnahme jetzt nur noch Bedingung 2 (Abdeckung des Bildwechsels) zu erfüllen, denn das Helligkeitsflimmern ist eine physiologische Frage der Projektionsbildbetrachtung und das schnelle Aufeinanderfolgen der einzelnen Phasenbilder (24 B/s) ist eine Sache des Bewegungssehens bei der Projektion. Daß bei der Aufnahme die Bildfrequenz gegenüber der mit 24 B/s festgelegten Vorführfrequenz geändert werden kann, ist ja gerade eine der entscheidenden Möglichkeiten der wissenschaftlichen Kinematographie, die diese Technik zum Hilfsmittel der Forschung macht. Ist nämlich die Aufnahmefrequenz kleiner als die Wiedergabefrequenz, so sieht man den Bewegungsvorgang in der Filmprojektion (24 B/s) zeitgerafft, und ist die Aufnahmefrequenz größer als die Wiedergabefrequenz, so sieht man den Vorgang zeitgedehnt. Sind Aufnahmefrequenz und Wiedergabefrequenz gleich groß, so sieht man den Bewegungsablauf bei der Projektion mit natürlicher Geschwindigkeit. Der Faktor, der eine Raffung oder Dehnung zahlenmäßig kennzeichnet, wird durch das Verhältnis von Aufnahmefrequenz f_A zu Wiedergabefrequenz f_W dargestellt. Wir befassen uns zunächst nur mit Geräten für normalfrequente Filmaufnahmen, d. h. $f_A = 24$ B/s (oder mit davon nicht stark abweichenden Frequenzen), die dazu dienen, Filmaufnahmen ohne Zeitdehnung und Zeitraffung, sondern nur für geschwindigkeitsgleiche Bewegungswiedergabe zu machen. Alle folgenden Ausführungen beziehen sich vornehmlich auf die in der wissenschaftlichen Kinematographie im Vordergrund stehenden 16-mm-Kameras.

Als Schaltwerk für den ruckweisen Filmtransport des Films in normalfrequenten Filmkameras werden bei allen Filmformaten ausschließlich *Greiferwerke* benutzt. Das Transportsystem ist das Kernstück der Filmkamera, und deshalb soll hier der Greifer mit seinen verschiedenen getriebemäßigen Steuermöglichkeiten und das Zusammenwirken von Greifer und Film, genauer Filmperforation, an erster Stelle und eingehender behandelt werden [101]. Ein Greiferwerk ist ein Getriebe, das mit seinem das Filmband treibenden Getriebeglied, dem Greifer, dauernd in Bewegung ist und durch Form und Lage der Bahn seiner Greiferspitze zeitweise mit den Schaltlöchern des Filmbandes gekoppelt wird, um das Filmband weiterzuziehen (im Gegensatz zum Malteserkreuz-Getriebe, bei dem das Schaltorgan — die Schalttrommel — dauernd im Eingriff mit der Filmperforation, aber nicht dauernd in Bewegung ist). Die Greiferspitze muß also eine entsprechende Bahn beschreiben, die in ihrer grundsätzlichen und schematischen Form ein Rechteck darstellt (Abb. 10). Der Transportgreifer G muß den Film F um eine Bildhöhe (Schaltschritt beim 16-mm-Film $s_F = 7{,}62$

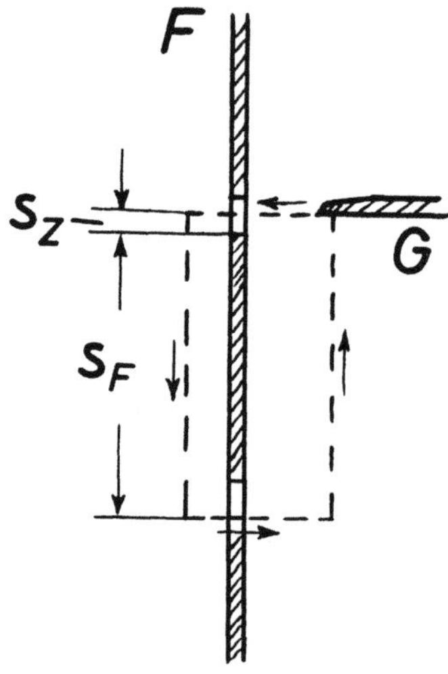

Abb. 10   *Rechteckbahn eines Greifers*
F *Film*
G *Greifer*
S_F *Schaltweg*
S_Z *Zusatzweg*

mm) weiterziehen. Zur Sicherheit greift die Greiferspitze etwas höher in das Schaltloch ein (Zusatzweg $s_Z = 2\%$ bis 4% von s_F), um bei Perforationsfehlern des Filmbandes, bei Schrumpfung usw. den Film nicht zu beschädigen. Je nach dem Schaltverhältnis S_V (bei Aufnahmekameras 1:2 bis 1:4) beträgt die Schaltzeit t_{sch} für den Weg s zwischen $^1/_2$ und $^1/_4$ der Gesamtzeit einer Schaltperiode T (bei $S_V = 1{:}2$ und $f_A = 24$ B/s beträgt $T = {}^1/_{24}$ s und $t_{sch} = {}^1/_{48}$ s).

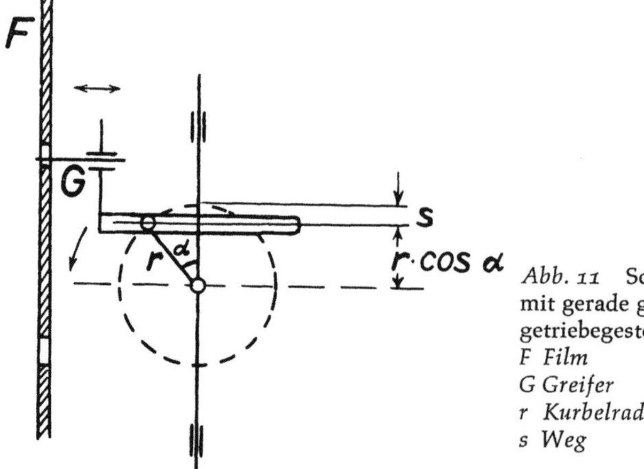

Abb. 11   Schema eines Kurbelgreifers
mit gerade geführtem Rahmen und
getriebegesteuertem Greifer
F *Film*
G *Greifer*
r *Kurbelradius*
s *Weg*

Ein einfaches Schaltwerk für die gezeigte Rechteckkurve wäre ein Kurbelantrieb (Abb. 11). Für diesen Kurbelantrieb mit dem Radius r eines gerade geführten Greiferrahmens können Weg, Geschwindigkeit und Beschleunigung der Greiferspitze G berechnet werden, die für die Bestimmung der Massenkräfte bei der Beanspruchung des Filmmaterials wichtig ist:

Der Kurbelradius ist $r = 0{,}5 \cdot s_{max}$

Der *Weg* der Greiferspitze in Zugrichtung ist: $s = r\,(1\text{-}cos\,\alpha)$

$$s = 0{,}5 \cdot s_{max}\,(1\text{-}cos\,\alpha)$$

Bei Film 16 mm ist $s_F = 7{,}62$ mm (s_Z soll vernachlässigt werden)

$$s = 3{,}81\,(1\text{-}cos\,\alpha)$$

s_{max} liegt bei $\alpha = 180°$ und ist:

$$s_{max} = 2r = 7{,}62 \text{ mm.}$$

Die *Geschwindigkeit* der Greiferspitze v ist die 1. Ableitung des Weges nach der Zeit:

$$v = \frac{ds}{dt} = r \cdot sin\,\alpha \cdot \frac{d\alpha}{dt}$$

$$\frac{d\alpha}{dt} = \omega$$

$$v = r \cdot \omega \cdot sin\,\alpha$$

ω ist die Winkelgeschwindigkeit der Antriebskurbel oder der je Sekunde zurückgelegte Weg des Kurbelzapfens dividiert durch seinen Abstand vom Drehpunkt:

$$\omega = 2 \cdot \pi \cdot f_A$$

v_{max} liegt bei $\alpha = 90°$ und $270°$ (d. h. $sin\,\alpha = 1$) und ist bei 24 B/s:

$$v_{max} = r \cdot \omega = 3{,}81 \cdot 10^{-3} \cdot 2 \cdot \pi \cdot 24 = 0{,}574 \text{ m/s}$$

Die *Beschleunigung* der Greiferspitze b ist die 2. Ableitung des Weges nach der Zeit oder die 1. Ableitung der Geschwindigkeit nach der Zeit:

$$b = \frac{d^2s}{dt^2} = \frac{dv}{dt} = r \cdot \omega \cdot cos\,\alpha \cdot \frac{d\alpha}{dt}$$

$$b = r \cdot \omega^2 \cdot cos\,\alpha$$

b_{max} liegt bei $\alpha = 0°$ und $180°$ (d. h. $cos\,\alpha = 1$) und ist bei 24 B/s:

$$b_{max} = r \cdot \omega^2 = 3{,}81 \cdot 10^{-3} \cdot (2 \cdot \pi \cdot 24)^2$$
$$b_{max} = 86{,}5 \text{ m/s}^2$$

Abb. 12 zeigt die Kurven für s, v und b der Greiferspitze beim Kurbelgreifer für Film 16 mm bei 24 B/s. Aus den Bewegungskurven kann man die maxi-

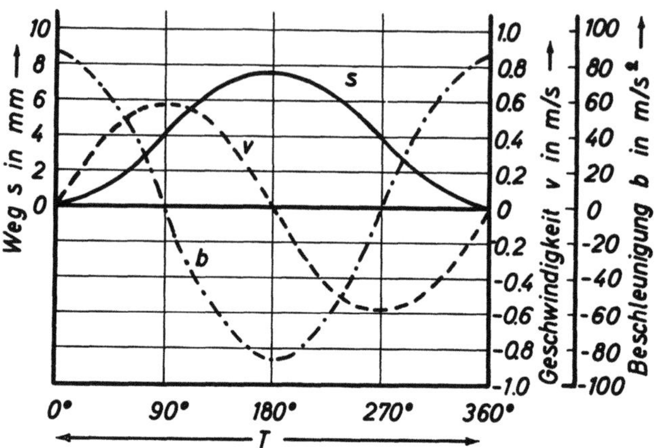

Abb. 12 Weg-, Geschwindigkeits- und Beschleunigungskurven der Greiferspitze beim Kurbelgreifer für Film 16 mm bei 24 B/s

s Weg
v Geschwindigkeit
b Beschleunigung

malen Beschleunigungswerte b_{max} ablesen (bei symmetrischen Getrieben sind das auch die maximalen Verzögerungswerte), um daraus die *Massenkräfte* zu bestimmen, die maximal die Perforationsstege des Films belasten.

$$K = m \cdot b$$
$$K_{max} = m \cdot b_{max}$$

Ein Stück 16-mm-Film von 1 m Länge wiegt im Mittel 2,8 g. In einer 16-mm-Schmalfilmkamera muß der Greifer bei der Schaltung das Filmstück, das zwischen oberer und unterer Filmschleife liegt, beschleunigen. Bei 10 cm Filmlänge sind das 0,28 g. Setzt man für einen Kurbelantrieb mit Geradeführung des Greifers bei 24 B/s die maximale Beschleunigung mit b_{max} = 86,5 m/s² ein (s. oben), so ist die maximal auftretende *Beschleunigungskraft:*

$$K_{max} = \frac{0,28}{9,81} \cdot 86,5 \approx 2,5 \text{ p}$$

Außer der Beschleunigungskraft ist aber noch die durch den Bildfensterandruck bewirkte *Reibungskraft* zu berücksichtigen (Pendelfenster, die den Film beim Transport freigeben, gibt es nur in einigen Fällen bei Normalfilm). Der Bildfensterandruck sorgt in erster Linie für die Planlage des Films im Filmkanal. Er ist an Federn einstellbar und wird so bemessen, daß ein frei in den Filmkanal eingespanntes Filmstück bei Belastung etwa mit der Kraft P = 50 p gerade hindurchgezogen wird. Insgesamt muß der Greifer also folgende Kraft aufbringen [30]:

$$F = K_{max} + P = 2,5 + 50 = 52,5 \text{ p}$$

Sollen nun die Perforationsstege des Films unbeschädigt bleiben, so sind den maximal angreifenden Kräften Grenzen gesetzt. Diese Grenzkräfte hängen von der Zeitdauer der Einwirkung der Belastung und natürlich von der Materialsorte, Filmdicke, Trocknungsgrad usw. ab [102]. Bei Normalfilm 35 mm und einer Belastungsdauer von 1/50 s (d. h. bei f_A = 24 B/s und S_V = 1:2) kann man den Perforationssteg mit einer Kraft von F = 500 p belasten, ohne daß irgendwelche Spuren von Perforationsschäden auftreten (Perforationsriß bei F = 1000 p). Für Schmalfilm gelten höhere Werte.

Bei 16-mm-Schmalfilm-Zeitdehnerkameras mit Greifer kommt man heute auf f_A = 600 B/s. Dadurch wird unter Annahme eines Schaltverhältnisses von S_V = 1:2 die Zeitdauer der Einwirkung der Belastung auf die Perforationsstege des Films auf t_{sch} = 1/1200 s verkürzt. Die Belastbarkeitsgrenze wird bei der Verkürzung erhöht. Die maximale Beschleunigung des Films durch die Greiferschaltung beträgt in diesem Fall:

$$b_{max} = r \cdot \omega^2 = r\,(2 \cdot \pi \cdot f_A)^2 = 3{,}81 \cdot 10^{-3} \cdot (2 \cdot \pi \cdot 600)^2$$
$$b_{max} = 54\,000 \text{ m/s}^2$$

$$F = m \cdot b_{max} + P = \frac{0{,}28}{9{,}81} \cdot 54\,000 + 50$$
$$F \approx 1\,600 \text{ p}$$

Hier können also die tatsächlich auftretenden Belastungen für Schmalfilm 16 mm kritisch werden.

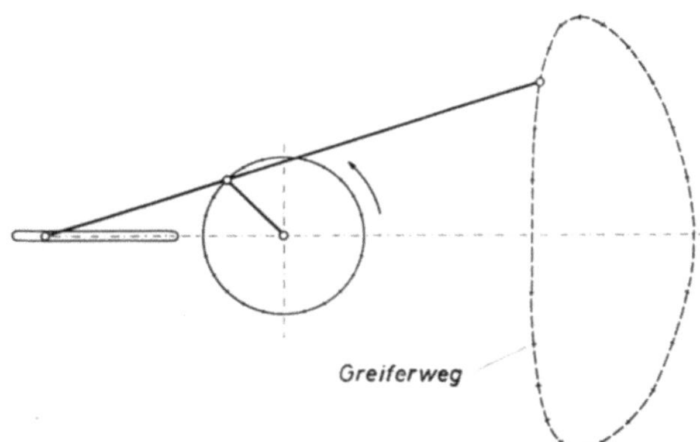

Abb. 13 Prinzip des Kurbelgreifers mit Schubkurbel

In Abb. 13 ist noch die Greiferbahn eines Kurbelgreifers mit Schubkurbel dargestellt. Eine andere wichtige Schaltwerksart neben dem Kurbelantrieb ist der *Kurventrieb (Exzenter)*. Wegen der beliebigen Gestalt der Steuerkurve hat man alle Möglichkeiten, bestimmte Zeit-Weg-Gesetze zu erfüllen. Man unterscheidet dabei zwischen einer kraftschlüssigen (Abb. 14) und einer formschlüssigen Kurvenscheibensteuerung (Abb. 15). Wählt man für den formschlüssigen Antrieb einen Exzenter in der Form des Reuleauxschen Bogendreiecks im

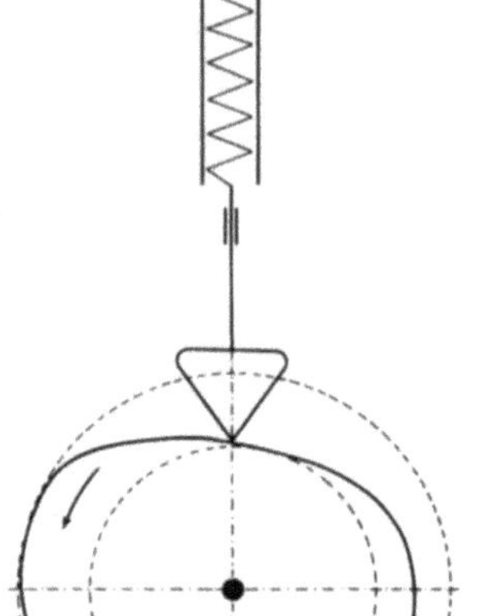

Abb. 14   Exzenter mit kraftschlüssigem Antrieb

quadratischen Greiferrahmen (vgl. Abb. 15), so gelten ähnliche Bewegungs-
gesetze wie vorher beim Kurbelantrieb. Auch für kurvengesteuerte Greifer gibt
es Schwinghebelführungen wie z. B. in Abb. 16 dargestellt.
An das *Stehen des Bildes,* d. h. an die Toleranzen der Bildschwankungen in
Höhe und Seite werden bei der Aufnahme höhere Anforderungen gestellt als
bei der Projektion (bei Projektion 0,3 % der Bildbreite bzw. Bildhöhe). Für die
Bildstandsfehler der Aufnahmekamera spielen daher neben allen Toleranzen
der Schaltelemente und der Filmperforation auch Durchbiegungen, Federungen,
Gelenkspiele und Ähnliches bereits eine Rolle. Aus diesem Grund werden in

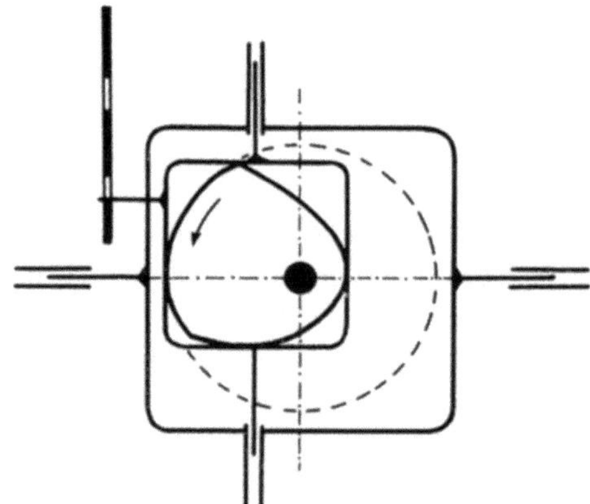

Abb. 15   Exzenter mit formschlüssigem
Antrieb

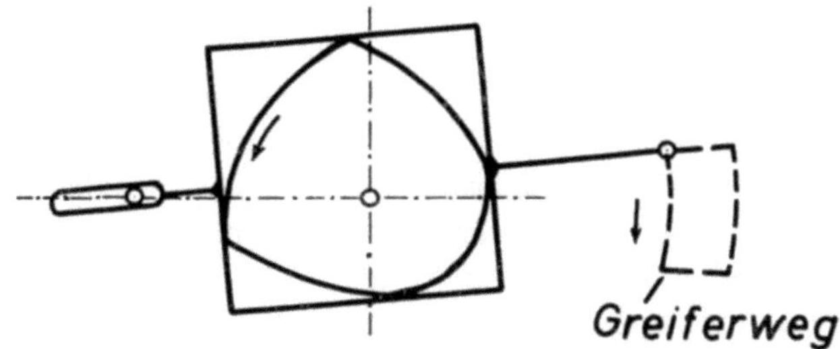

Abb. 16 Kurvenge-
steuerter Greifer mit
Schwinghebelführung

vielen Aufnahmekameras neben den oben beschriebenen Zug- oder Transport-
greifern zusätzlich noch *Justiergreifer* (Sperrgreifer, Justierstifte) benutzt [65].
Die Aufgabe des Justiergreifers ist es, sobald der Film zum Stillstand gekommen ist, in ein Perforationslochpaar zu greifen, um jeweils das Bild für die Belichtung im Bildfenster zu justieren, d. h. kleine Ungenauigkeiten in Höhe
und Seite der Bildlage im Bildfenster nach dem Transport noch vor der Belichtung zu korrigieren. Der Justierstift kann im Querschnitt das Perforationsloch
in Seite und Höhe ausfüllen oder kann auch nur in der Höhe korrigieren, wenn
der Film durch eine federnde Kufe im Bildfenster seitlich an eine feste Anlage-

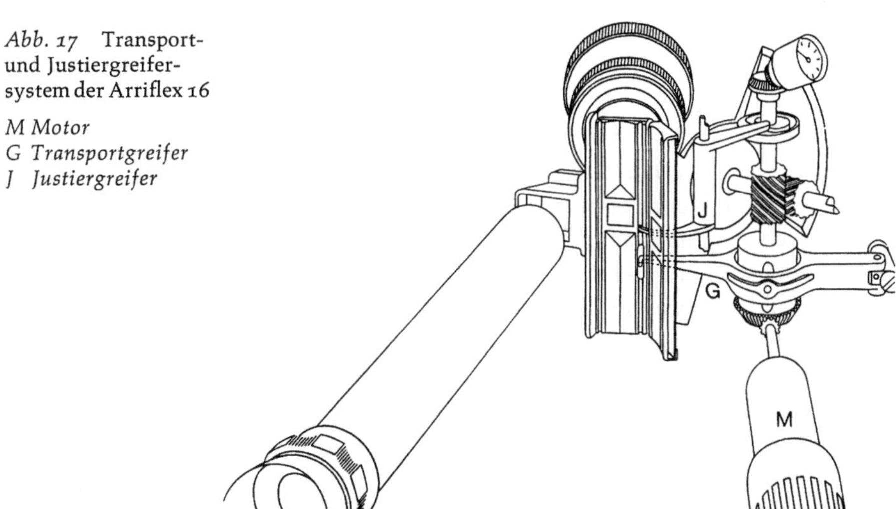

Abb. 17 Transport-
und Justiergreifer-
system der Arriflex 16

M Motor
G Transportgreifer
J Justiergreifer

kante gedrückt und auf diese Weise seitlich justiert wird. Die Steuerung eines
Sperrgreifers zeigt Abb. 17 am Beispiel der Kamera Arriflex 16.
Während des Transports muß auch bei der Aufnahme der Film abgedeckt
werden. Hierzu dienen bei 16-mm- und 35-mm-Film *rotierende Flügelblenden*
wie bei der Projektion (Schwingblenden gibt es nur bei 8-mm-Kameras). Die

rotierende Abdeckblende regelt auch zusammen mit der Aufnahmefrequenz f_A die Bildbelichtungszeit. Die Flügelblende hat also gleichzeitig die Funktion eines photographischen Verschlusses *(Umlaufverschluß)*. Es werden meist Einflügelblenden benutzt, die mit einer Übersetzung von 1:1 im rechten Winkel über Kegelräder oder Schraubenräder von der Hauptachse synchron mit dem Greifer angetrieben werden. Eine Umdrehung der Flügelblende entspricht einer Schaltperiode. Die Mindestgröße des Abdecksektors richtet sich nach dem Schaltverhältnis S_V, d. h. bei S_V = 1:2 beträgt der Abdecksektor mindestens 180°. In Abb. 18 ist β der Abdeckwinkel und α der Winkel, über

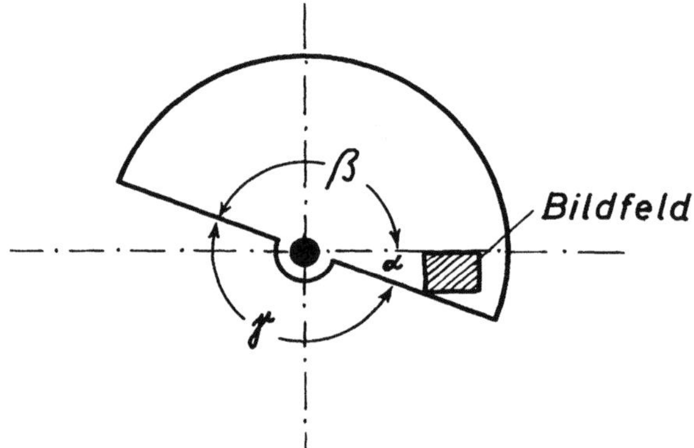

Abb. 18   Umlaufverschluß
einer Kamera

den die Verschlußflügelkante das Filmband freigibt. Der Winkel α beträgt je nach Abmessung der Kamera und damit Lage des Bildfensters zum Drehpunkt der Flügelblende etwa 15° bis 30°. Bei Angabe der Schaltzeit wird häufig der Winkel α vernachlässigt, da in diesem Winkelbereich die Filmbewegungen gerade erst beginnen bzw. schon wieder zum Stillstand kommen und die Wege des Films noch vernachlässigbar klein sind. Zweiflügelblenden mit halber Drehzahl kommen als Umlaufverschluß in Frage, wenn die Abdeckflügel gleichzeitig als Spiegel für die flimmerfreie Bildbeobachtung über den Sucher benutzt werden sollen. Wegen der halben Drehzahl darf hier der Winkel α nicht vernachlässigt werden und der Winkel β muß um so viel größer gemacht werden, wie das Schaltverhältnis es verlangt. Der damit verbundene Lichtverlust gegenüber der Einflügelblende fällt für die Aufnahme aber kaum ins Gewicht.

Kameras für die wissenschaftliche Kinematographie sollten eine *verstellbare Flügelblende* haben, damit die Belichtungszeit verändert werden kann. Die Punktbelichtungszeit t_P (Belichtungszeit eines Bildpunktes) und die Bildbelichtungszeit t_B (die um die Laufzeit über den Winkel α länger dauert) betragen ausgedrückt durch den Winkel γ (z. B. 180°) des Hell-Sektors:

$$t_\mathrm{P} = \frac{\gamma}{360° \cdot f_\mathrm{A}} \qquad \text{z. B.} \quad \frac{180°}{360° \cdot 24} = \frac{1}{48}\ \text{s}$$

$$t_\mathrm{B} = \frac{\gamma + \alpha}{360° \cdot f_\mathrm{A}} \qquad \text{z. B.} \quad \frac{180° + 20°}{360° \cdot 24} = \frac{1}{43}\ \text{s}$$

Die Verstellung des Abdecksektors erfolgt durch zwei gegeneinander verstellbare Flügel, die z. B. durch eine einrastende Federklinke gehalten werden. Der Hellteil kann damit z. B. auf $\gamma = 180°$, $90°$, $45°$ oder $22{,}5°$ eingestellt werden. Es gibt auch Verschlüsse, die während des Laufs kontinuierlich verstellt werden können. Die Belichtungszeit spielt in der wissenschaftlichen Kinematographie bei der Vorausbestimmung der Bewegungsunschärfe eine Rolle. Diese Frage ist bei der Ausmessung des Einzelbildes von Wichtigkeit. Bei der normalen Kinematographie ohne Auswertung von Einzelbildern kann eine gewisse Bewegungsunschärfe zur Unterstützung des Bewegungseindrucks in Kauf genommen werden.

Für den *Antrieb der Hauptwelle*, von der wieder Filmschaltwerk, Umlaufblende, Transporttrommel usw. angetrieben werden, benötigt man eine *Kraftquelle*. In Frage kommt ein Federwerk oder ein Elektromotor mit Batterie, Akkumulator oder Netzanschluß. Vom Federwerk bis zur Welle des Transportgreifers muß etwa 40 bis 120fach ins Schnelle übersetzt werden, von der Welle des Elektromotors mit z. B. 4000 U/min etwa 1:2,75 ins Langsame.

Beim *Federwerk* liegt eine aufgewundene Blattfeder in einem Federhaus. Sie wird von außen mit der Hand aufgezogen und wirkt über Sperrad und Sperrklinke auf das Getriebe. Das Antriebsmoment hängt von den Federabmessungen, der Windungszahl und dem Steifigkeitsmodul ab [102]. Bei voll aufgezogenem Federwerk kann eine 16-mm-Kamera etwa 6 m Film durchziehen.

In der wissenschaftlichen Kinematographie müssen häufig größere Filmlängen ohne Unterbrechung aufgenommen werden. Es empfiehlt sich daher, einen *Elektromotor* zu benutzen. Er wird ein- oder angebaut (letzteres meist bei vorhandenem Federwerk). Benutzt werden Universalmotoren mit einer Anschlußspannung von 8 V (z. B. Arriflex 16) oder z. B. bei der Bolex 18 V für 12 bis 16 B/s), 24 V (für 18 bis 24 B/s) und 30 V (für 32 B/s), die über Regulierwiderstände oder Abgriffe für Aufnahmefrequenzen von etwa 12 bis 48 B/s eingestellt werden können. Die aufgenommene Leistung bei eingelegtem Film und 24 B/s beträgt für eine 16-mm-Kamera bei 8 V Anschlußspannung z. B. $P = 18{,}5$ W. Auf längeren Expeditionen werden für den Anschluß gern Batterien (Monozellen) benutzt. Zu synchronen Tonaufnahmen können auch Synchron-Motoren für Netzspannung eingesetzt werden.

Man ist nun bemüht, die Drehzahl der Antriebswelle, d. h. letzten Endes die Aufnahmefrequenz f_A möglichst konstant zu halten. Es ist klar, daß beim Federwerk bei voll aufgezogener Feder das Antriebsmoment wesentlich größer ist als bei fast abgelaufener Feder. Aber auch bei Elektromotoren sind *Gleichlaufregler* erforderlich, die zweckmäßig am Schluß des Getriebes angebracht werden. Die Regler arbeiten größtenteils nach dem *Fliehkraft-Prinzip* [77]. Beim Erreichen der gewünschten Drehzahl schwingen die Fliehgewichte gegen die Kraft einer Rückstellfeder aus und legen sich an eine Reibfläche. Hier wird die überschüssige Energie in Wärme umgesetzt. Es gibt auch elektrische Regler nach diesem Prinzip, wobei über Kontakte bei Erreichen der Soll-Drehzahl der Motorenstrom verringert wird. Ein kleiner, gut arbeitender Regler muß schnell laufen, also hier mindestens so schnell wie die Schaltwerkswelle. In der Praxis werden aber häufig bis 3,5fach höhere Drehzahlen angewendet. Die verschiedenen Aufnahmefrequenzen können bei 16-mm-Schmalfilmkameras über den Fliehkraftregler eingestellt werden. Markierungen für 12, 16, 18, 24, 32, 48 und 64 B/s sind üblich.

Trotz aller Mühe kommen aber durch Abnutzungserscheinungen Abweichungen von der Soll-Aufnahmefrequenz vor. Für meßkinematographische Zwecke kann man sich nicht hinreichend auf die Einhaltung der Gangzahlangaben verlassen. Es empfiehlt sich daher, häufiger die tatsächlich vorhandenen Aufnahmefrequenzen mittels Lichtblitz-Stroboskop an der Kamera zu kontrollieren. Im allgemeinen fällt die Abweichung nicht sehr ins Gewicht (abgesehen von synchronen Tonaufnahmen), weil bei der Projektion der absolute Vergleich zum natürlichen Bewegungsablauf meistens fehlt und die auftretenden Abweichungen bis zu gewissen Grenzen nicht bemerkt werden. Dagegen ist die Kenntnis der tatsächlichen Aufnahmefrequenz für Auswertzwecke, z. B. für die Aufstellung von Zeit-Weg-Kurven, unbedingt erforderlich. Im Rahmen der Zeitdehner-Kinematographie wird darauf noch näher eingegangen werden.

Nachdem nun die Hauptpunkte der technischen Einrichtung der Aufnahmekamera, nämlich Greifer, Greifersteuerung, Flügelblende, und Kameraantrieb besprochen worden sind, muß nur noch auf die Zahntrommeln (Vor- und Nachwickler), die Filmaufwicklung mit Friktion sowie das Meter- und Bildzählwerk hingewiesen werden, um alles genannt zu haben, was über ein *Getriebe* mit entsprechenden Drehzahlen durch Über- oder Untersetzung angetrieben werden muß. Abb. 19 zeigt das gesamte Getriebeschema einer 16-mm-Schmalfilmkamera. Die Funktion kann daraus abgelesen werden. Jede Kamerakonstruktion hat auch hier natürlich ihre Besonderheiten.

Ähnlich wie bei dem Filmprojektor läuft auch bei der Aufnahmekamera der Film über die obere Zahntrommel (Vorwickler) mit einer Schleife in den *Film- oder Bildkanal* ein, wird dort in einer Länge von 2 bis 6 Bildern zwischen Bildfensterplatte und Andruckplattte geführt, vom Greifer geschaltet und läuft dann nach abermaliger Schleifenbildung über die untere Zahntrommel (Nachwickler). Damit der Film im Filmkanal weder auf der Schicht, noch auf der

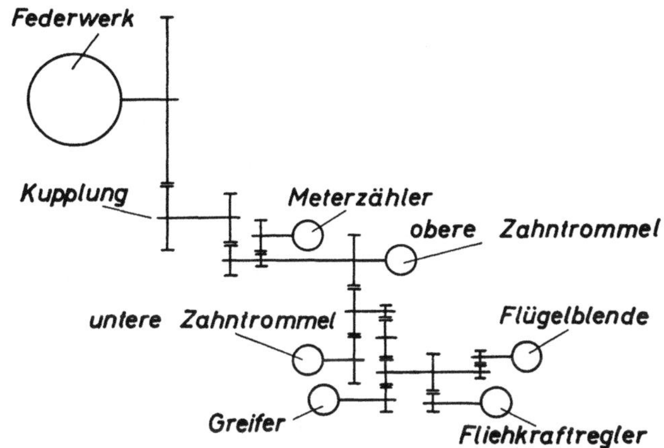

Abb. 19 Getriebeschema einer 16-mm-Schmalfilmkamera

Unterlage zerkratzt und verschrammt wird, läuft er auf seitlichen etwas erhöhten Kufen in Perforationsrandbreite, so daß er in der Bildbreite frei durch den Filmkanal bewegt wird. Der Andruck im Filmkanal wird mittels Federdruck auf die Andruckplatte eingestellt. Er soll hauptsächlich die Planlage des Films im Fenster als Voraussetzung für eine gute optische Abbildung bewirken. Die Reibungszahl μ zwischen Filmband und Führung [102] schwankt je nach Kufenmaterial, Filmgeschwindigkeit, Luftfeuchtigkeit, Zustand des Filmes (Austrocknung und Verölung) und Absatz von Filmpartikelchen (! !) zwischen μ = 0,1 bis 0,3. Es ist daher wichtig, den Filmkanal sauber zu halten (Bildstand), er muß also bequem zugänglich sein.

Die genormte Größe des Bildfensters für 16-mm-Kameras beträgt 7,5 mm × 10,3 mm (DIN 15 602). Will man mit dem *Sucher* im direkten Durchlicht das Filmbild im Fenster beobachten, dann muß die Andruckplatte einen etwas größeren Ausschnitt haben. Das Projektorfenster ist nach DIN 15 602 in Breite und Höhe um je 6,5 % kleiner als das Kamerafenster. Die Suchermaske sollte in ihrer Größe auf das Projektorfenster abgestellt sein, damit man an der Kamera bei Einstellung des Bildausschnittes erkennen kann, was später dann in der Projektion auch wirklich zu sehen ist. Für Filmkameras gibt es verschiedene Sucherausführungen [4].

1. Einbausucher, mit denen das Bild in der optischen Achse des Objektivs beobachtet wird.

   a) Direkt-Durchsichtsucher, bei denen das auf dem Film im Bildfenster sichtbare Bild von hinten im durchfallenden Licht über Sucherobjektiv und Sucherokular mit 5 bis 20facher Vergrößerung gesehen werden kann.

   b) Spiegelreflex-Sucher, bei denen über ein Strahlenteilungsprisma oder -plättchen oder über eine verspiegelte Flügelblende das Bild aus der

optischen Achse des Objektivs in die optische Achse des Suchers gelenkt wird.

2. Anbausucher, durch die das Bild in einem gesonderten Strahlengang
beobachtet wird, der *nicht* mit der Objektivachse zusammenfällt.

Für die wissenschaftliche Kinematographie kommen in erster Linie *Spiegelreflex-Sucher* in Frage, weil mit solchen Suchern die tatsächliche Bildfeld-
begrenzung ohne Parallaxe gesehen und auch während der Aufnahme die
Bildschärfe an dem bei Verwendung von Spiegeln besonders hellen Sucherbild
kontrolliert werden kann. Abb. 20 zeigt den Strahlengang eines Suchers mit
Strahlungsteilerprisma bei einer Bolex-Kamera. In Abb. 21 ist ferner die Funk-

Abb. 20 Sucherstrah-
lengang mit Umlenk-
plättchen

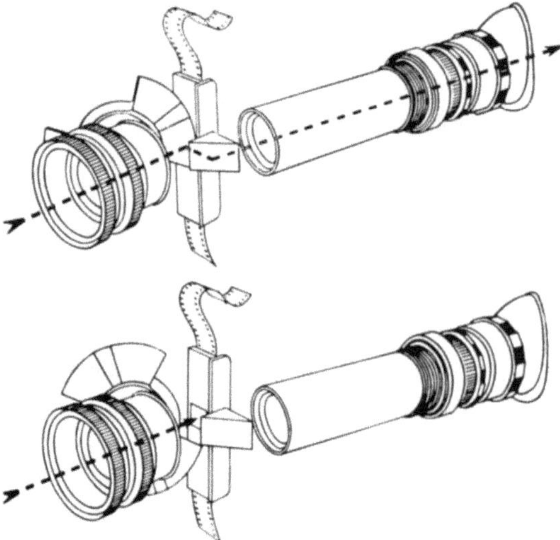

Abb. 21 Sucherstrahlengang über
eine verspiegelte Flügelblende

tionsweise eines Suchers mit verspiegelter Flügelblende (Arriflex-Kamera)
demonstriert. Dabei soll nochmals darauf hingewiesen werden, daß hierfür
eine Zweiflügelblende mit halber Drehzahl im Vergleich zur Greiferachse
benutzt wird, wobei jeder Flügel durch einen Schwarzstreifen unterteilt ist,
um für die Flimmerfreiheit auf diese Weise die Wirkung einer Vierflügel-
blende zu erreichen.

Einen Anbausucher als Rahmen-, Kasten- oder Verfolgungssucher zeigt Abb. 22.
Hierbei kann um den Bildfeldbegrenzungsrahmen ein zweiter großer Rahmen

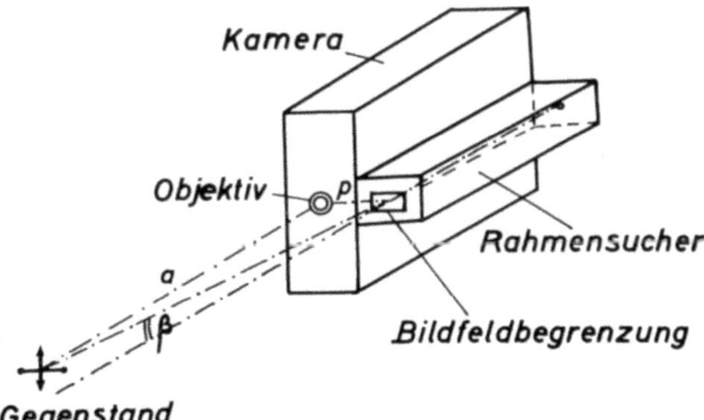

Abb. 22 Prinzip eines Ver-
folgungssuchers mit Paral-
laxenausgleich

gelegt werden, damit ein sich bewegender Gegenstand bereits außerhalb des
Aufnahmebildfeldes erkannt und besser verfolgt werden kann. Solche aus
diesen Gründen in der wissenschaftlichen Kinematographie verwendeten Sucher haben aber stets einen Parallaxenfehler, der durch Schwenken der Sucher-
achse ausgeglichen werden muß. Der Winkel der optischen Achse des Suchers
gegen die optische Achse des Objektivs kann berechnet werden zu $\beta = arc\ tg\dfrac{p}{a}$
(Abb. 22).

Abschließend muß hier noch auf eine neue Entwicklung, den Fernsehsucher,
hingewiesen werden [2]. Als Anbausucher kann nämlich auch eine Fernseh-
kamera benutzt werden, die es gestattet, im Spiegelreflex-Strahlengang das
Bildfeld der Filmkamera auf einem getrennt aufgestellten Sichtgerät (Monitor)
zu beobachten. Mit ferngesteuertem Schwenk- und Neigekopf sowie mit einer
in gleicher Weise betätigten Schärfennachstellung des Objektivs kann man
dann nach dem Bild am Sichtgerät die Kamera von einem entfernt liegenden
Standpunkt aus dirigieren. Für solche wissenschaftliche Filmaufnahmen, bei
denen sich das Aufnahmepersonal nicht in der Nähe des Aufnahmegegen-
standes oder der Filmkamera aufhalten darf, ergeben sich hier neue Möglichkeiten.

Nun noch ein Wort über die *Objektiv-Brennweiten* bei 16-mm-Kameras und die *Abbildungsmaßstäbe* [34]. Der normale Objektivsatz besteht etwa aus den Brennweiten f = 25; 50 und 75 mm (Wechselobjektive oder Revolverkopf). Beim Schmalfilm 16 mm sind Objektive mit f < 20 mm Weitwinkelobjektive, Objektive mit f > 80 mm Teleobjektive. Varioobjektive, d. h. Objektive mit veränderbarer Brennweite erreichen z. Z. mit ihren Grenzbrennweiten einen Bereich zwischen f = 12 und 240 mm. Hinsichtlich des Abbildungsmaßstabes hat sich auch in der wissenschaftlichen Kinematographie der Sprachgebrauch herausgebildet:

Abbildungsmaßstab oberhalb 1:10	Makroaufnahme
zwischen 1:10 und 10:1	Lupenaufnahme
unterhalb 10:1	Mikroaufnahme

III. Die Zeitraffung

Einleitend soll zunächst etwas zur Belichtungsberechnung bei kinematographischen Aufnahmen gesagt werden, weil hierbei über die Bedingungen der Standbild-Photographie hinaus ja stets die Drehzahl der Flügelblende (Filmaufnahmefrequenz) und ihre Sektoröffnung berücksichtigt werden müssen. Dies ist gerade bei der Zeitraffung und Zeitdehnung wichtig.

Man geht zunächst von dem *Bunsen-Roscoeschen Gesetz* (Reziprozitäts-Gesetz) aus. Die Belichtung H ist proportional der Beleuchtungsstärke E auf dem Film und der Belichtungszeit t (genauer der Punktbelichtungszeit t_P).

$$H = E \cdot t_P \text{ in lxs}$$

Das Gesetz sagt nun aus, daß die photographische Wirkung (Schwärzung) gleich ist, wenn nur die Belichtung H, d. h. der Wert des Produktes $E \cdot t_P$ gleich ist, wobei die einzelnen Faktoren Beleuchtungsstärke und Belichtungszeit ganz verschieden sein können.

Für die photographische Schwärzung des Negativs S ist das Reziprozitätsgesetz nicht in allen Intensitätsbereichen erfüllt [56]. In der Photographie gilt vielmehr die *Schwarzschild-Formel*:

$$E \cdot t_P{}^p = \text{const}$$

Bei geringen Intensitäten ist der Schwarzschild-Exponent $p < 1$ (normaler Schwarzschild-Exponent), bei hohen Intensitäten geht der Exponent von $p = 1$ bis $p = 1{,}5$ (inverser Schwarzschild-Effekt). In diesem Zusammenhang kann auch auf den *Ultra-Kurzzeiteffekt* hingewiesen werden [18, 14]. Bei sehr kurzen Belichtungszeiten, etwa ab $t_P < {}^1/_{1000}$ s (Zeitdehner-Filmaufnahmen), bleibt bei gleichbleibendem Produkt von Beleuchtungsstärke und Belichtungszeit die Schwärzung hinter den zu erwartenden Werten zurück. Der Einfluß dieses Effektes kann im Schwarzschild-Exponenten p berücksichtigt werden. Er hängt auch von der benutzten Filmemulsion und vom Entwickler ab.

Die *Beleuchtungsstärke am Aufnahmegegenstand* kann mit einem Luxmeter gemessen werden, wobei jede Änderung oder Zusatzbeleuchtung im Moment der Aufnahme berücksichtigt werden muß. Ausschlaggebend ist letzten Endes natürlich die Beleuchtung, welche der Film selbst im Bildfenster der Kamera empfängt.

Bei der Berechnung der Filmbelichtung aus der Beleuchtungsstärke am Aufnahmegegenstand werden kleinere Einflüsse, wie Durchlässigkeiten der Objektive usw. vernachlässigt. Wichtig ist die Objektivblende. Die Pupille der

Objektivblende regelt mit ihrer Flächengröße den durch das Objektiv eintretenden Lichtstrom und geht also mit dem Quadrat (Fläche) in die Rechnung ein. Die Objektivblende wird durch das Öffnungsverhältnis vom Objektiv (wirksamer Durchmesser der Blendenöffnung geteilt durch Brennweite) angegeben. Die Belichtungszeit t_P wird dann noch durch die Aufnahmefrequenz beeinflußt, wobei bei Umlaufverschlüssen (rotierender Sektor) die eingestellte Sektoröffnung berücksichtigt werden muß. Werden Filter verwendet, so ist deren Belichtungszeit-Verlängerungsfaktor entsprechend der Filterabsorption einzusetzen. Er ist abhängig von der Filmemulsion und der benutzten Lichtart.

Ersetzt man zunächst einmal in dem Reziprozitätsgesetz die Belichtungszeit t_P durch die wesentlichen Einflußfaktoren, nämlich Aufnahmefrequenz f_A, Sektoröffnungswinkel γ und Filterverlängerungsfaktor z, so erhält man:

$$H = E \cdot \frac{1}{f_A} \cdot \frac{\gamma}{360} \cdot \frac{1}{z}$$

In der wissenschaftlichen Kinematographie stellt sich meistens die Frage nach der Beleuchtungsstärke E am Aufnahmegegenstand, die verlangt wird, um unter bestimmten Aufnahmeverhältnissen ein gut gedecktes Negativ zu erhalten:

$$E = H \cdot \frac{f_A \cdot 360 \cdot z}{\gamma} \quad \text{in lx}$$

Der für die Belichtung H einzusetzende Wert richtet sich nach der benutzten Filmempfindlichkeit und der Blendenzahl [104]. Für eine Filmempfindlichkeit von 20 DIN und Blendenzahl 2 kann man mit $H = 20$ lxs rechnen. Erhöht man die Filmempfindlichkeit auf das Doppelte, also 23 DIN, so kann die Belichtung auf die Hälfte herabgesetzt werden, d. h. auf $H = 10$ lxs usw. Im anderen Fall, bei Abblendung des Objektivs von 1:2 auf 1:2,8 (ein Blendensprung kleiner, d. h. halben Lichtstromwert, wobei zu beachten ist, daß die Blendenwerte bereits quadratisch, also auf die Fläche bezogen, abgestuft sind: 2; 2,8; 4; 5,6; 8 usw.) muß die Belichtung auf das Doppelte, also z. B. von $H = 20$ auf $H = 40$ lxs erhöht werden. Auf diese Weise kann man die für die Belichtung notwendigen Werte vorausberechnen und sich den Gegebenheiten entsprechend anpassen [54]. Es ist hier die Beleuchtungsmessung mit Luxmeter am Aufnahmegegenstand zur Grundlage gemacht worden [80] (und nicht die bei Amateuren übliche Belichtungsmessung [44]). In der wissenschaftlichen Kinematographie, besonders bei Zeitdehner- und Zeitrafferaufnahmen arbeitet man vorwiegend mit Beleuchtungsmessungen [35].

Wir kommen jetzt zur eigentlichen *Zeitraffertechnik*. Bei der Zeitraffung ist die Aufnahmefrequenz kleiner als die Wiedergabefrequenz, also $f_A < f_W$ und bei der genormten Wiedergabefrequenz von f_W = 24 B/s muß also bei der Zeitraffung f_A < 24 B/s sein. Der *Raffungsfaktor* f_A/f_W drückt zahlenmäßig aus, um wieviel kürzer die Zeit ist, in der ein Bewegungsvorgang in der Projektion wiedergegeben wird, gegenüber dem Ablauf dieses Vorgangs in der Natur. Bei Aufnahmen, z. B. mit f_A = 8 B/s wird also auf 1/3 gerafft, bei f_A = 0,1 B/s auf 1/240, bei f_A = 1 B/min auf 1/1440 und bei f_A = 1 B/h auf 1/86400. Bei Forschungsfilmaufnahmen, die ausgewertet werden sollen, müssen die Angaben über die Raffung exakt vorliegen, denn darauf stützen sich ja alle Zeitberechnungen über die aus dem Film zu entnehmenden Bewegungsvorgänge. In Zwischentiteln von wissenschaftlichen Filmen für die Vorführung, z. B. im Unterricht oder auf Kongressen, gibt man meist abgerundete Zahlen an, also bei f_A = 1 B/min nicht 1:1440, sondern: Zeitraffung etwa 1:1500. Dem in filmischen Dingen unerfahrenen Filmbetrachter sind glatte Zeitrafferangaben wie 1:2, 1:10, 1:100 usw. besser überschaubar. Sie geben ihm auch im Moment des Lesens eine Vorstellung von den tatsächlich vorliegenden Geschwindigkeitsrelationen im Sinne der Überlegung, jetzt geht hier in der Projektion alles doppelt, zehnfach oder hundertfach so schnell wie in der Natur. Es ist allerdings zu bezweifeln, ob damit immer eine richtige Vorstellung von der tatsächlichen Langsamkeit des Naturvorganges verbunden ist. Deshalb wird in den Film-Zwischentiteln neben der Angabe der Raffung auch noch häufig die Aufnahmefrequenz angegeben, also bei: Zeitraffung etwa 1:1500 außerdem: Aufnahme mit 1 B/min. Die Angabe der Aufnahmefrequenz unterstützt das Vorstellungsvermögen für die im Film gezeigten zeitgerafften Bewegungsvorgänge, sowohl beim Laien wie beim Fachmann.

Bei der Zeitraffung müssen also bei der Filmaufnahme niedrigere Filmaufnahmefrequenzen, d. h. kleinere als 24 B/s angewendet werden. Die dazu benutzte Filmkamera ist die gleiche wie sie ausführlich bei der Behandlung der normalfrequenten Filmaufnahme beschrieben wurde. Um mit einer solchen Kamera mit ruckweisem Filmtransport mittels Greifers diese kleinen Aufnahmefrequenzen erzielen zu können, werden verschiedene Techniken angewendet [53]. Grundsätzlich bestehen dafür drei Möglichkeiten:

1. Frequenzeinstellung an der Kamera auf weniger als 24 B/s.
2. Kontinuierlicher Antrieb der Kamera von außen durch ein zusätzliches Gerät (Raffer) mit einstellbarer stark herabgesetzter Geschwindigkeit.
3. Einbildschaltung an der Kamera mit Auslösung durch eine Uhr.

16-mm-Kameras besitzen, wie bereits erwähnt, meistens eine Regelmöglichkeit für verschiedene Aufnahmegeschwindigkeiten. Die für die Raffung in Frage kommenden Regelmöglichkeiten für kleine Aufnahmefrequenzen sind bei 16-mm-Kameras mit 16, 12 und eventuell auch 8 B/s allerdings so beschränkt, daß die entsprechenden Raffungsfaktoren 1:1,5, 1:2 und 1:3 in der wissenschaftlichen Kinematographie nur selten verwendet werden. Auch bei 35-mm-Normalfilmkameras mit Regelmotor kann man auf diese niedrigen Frequenzen kommen und am Tachometer die Einstellung ablesen.

Bei Verwendung einer kontinuierlich laufenden Kamera wird der Raffer über eine Gelenkwelle an die Hauptantriebsachse der Kamera (herausragender Achsstummel) angeschlossen (Abb. 23). Der eigentliche Raffer besteht aus

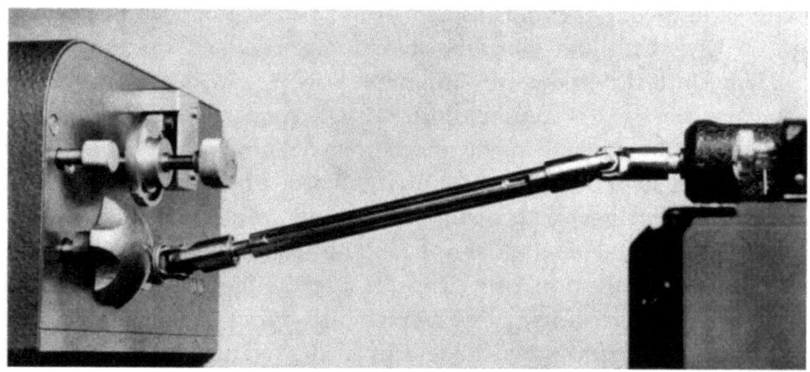

Abb. 23   Gelenkwelle zwischen Kamera und Raffer
Links Ausgangsseite der Rafferapparatur, rechts Achsstummel der Kamera mit aufgesetztem Kugelgelenk

einer elektrisch angetriebenen Hauptwelle, von der aus mittels eines verstellbaren Zahnrad-Getriebes die gewünschten Drehzahlen für die Kamerawelle eingestellt werden können [99]. Der Motor und damit die Hauptwelle müssen sehr konstant laufen, denn davon hängt die Genauigkeit der Einhaltung des Raffungsmaßstabes ab. Alles andere sind reine Getriebefragen, und die Zahnradpaare müssen so gewählt werden und auch so schaltbar sein, daß die gewünschten Raffungsfaktoren zustande kommen. Abb. 24 zeigt einen solchen kontinuierlich laufenden Raffer. Raffungen von 4 B/s bis 2 B/h, jeweils in Stufen von 1:2 untersetzt, sind möglich. Der Antrieb erfolgt über einen Synchronmotor 4 W 220 V mit 3000 U/min auf die Hauptwelle des Getriebes mit einer Untersetzung von 1:12,5 (240 U/min oder 4 B/s). Ein einstellbarer Mikroschalter betätigt ein Relais zur Einschaltung der Beleuchtung in Übereinstimmung mit der Stellung des Kamerasektors.

Die Belichtungszeiten bei solchen kontinuierlich laufenden Raffern sind relativ lang. Man bedenke, daß bei Aufnahmen mit $f_A = 1$ B/min bei einer Kamera mit $180°$ Sektoröffnung die Belichtungszeit eine halbe Minute beträgt. Es besteht daher die Gefahr von Bewegungsunschärfen. Andererseits können bei einer bestimmten Belichtung wegen der großen Belichtungszeit die Be-

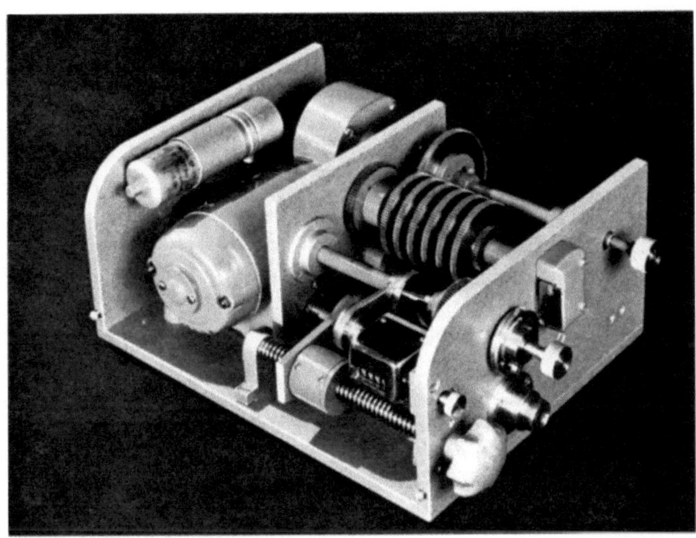

Abb. 24 Getriebeansicht eines kontinuierlich laufenden Raffers
*Durch Einrücken des auf der rückwärtigen Achse liegenden Zahnrades nach links oder rechts
wird zwischen einer Getriebeübersetzung von 1:1 oder 1:2 gewählt. Die gewünschte Aufnahmefrequenz wird dann über die Betätigung der vorn liegenden Zugspindel eingestellt. An
den Gewindestutzen wird die Gelenkwelle angeschlossen. Die beiden anderen Kordelknöpfe
dienen zur Einschaltung des Zählwerks*

leuchtungsstärken ($H = E \cdot t$) entsprechend gering sein. Für empfindliche
Objekte ist das von großer Wichtigkeit. Natürlich kann auch der Sektor verstellt werden, wenn man mit geringeren Belichtungszeiten arbeiten will. Bei
kleinen Sektoren besteht dann ein eventuell erheblicher Unterschied zwischen
Punktbelichtungszeit t_P und Bildbelichtungszeit t_B. Durch den dabei wirksamen Schlitzblendeneffekt können Verzerrungen der Bewegungsbahnen auftreten. Alle diese Gesichtspunkte müssen bei Verwendung eines solchen
Raffers im Hinblick auf die Bewegung des aufzunehmenden Objekts vorher
in Betracht gezogen werden. Der kontinuierliche Raffer findet hauptsächlich
Verwendung, wenn das Objekt keine höheren Beleuchtungsstärken verträgt
und die Gefahr von Bewegungsunschärfen nicht von Bedeutung ist.
Bei der *Einbildschaltung* mit Auslösung durch eine Uhr muß die Kamera im
Einergang geschaltet werden. Darunter versteht man die Möglichkeit, auf
eine Auslösung hin jeweils eine einzelne Schaltperiode der Kamera ablaufen
zu lassen [6]. In der Ruhestellung deckt der Dunkelsektor der Flügelblende
das Bildfenster der Kamera ab. Bei Inbetriebnahme des Einergangs macht die
Hauptwelle mit Flügelblende und Greifersteuerung jedesmal eine einzige Umdrehung, so daß nur ein Bild belichtet wird und am Schluß der Dunkelsektor
wieder vor dem Bildfenster steht.

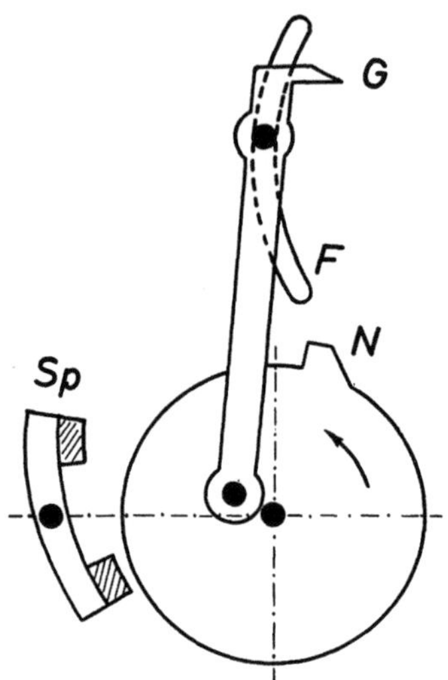

Abb. 25   Prinzip des Einergangs am Greifer
Sp Sperre
N Nocke
G Greifer
F Führung für den Greifer

Bei Federwerksantrieb muß der Einergang in die Kamera eingebaut sein. Das Getriebeprinzip einer solchen Einergangschaltung am Greifer zeigt Abb. 25. Der Raffer betätigt den Auslöser der Kamera, wodurch die Sperre Sp am Einergang gelöst wird. Durch Federwerksantrieb erfolgt nun eine Umdrehung der Nockenscheibe, und die Nocke N rastet wieder ein. Bei der Bolex-Kamera z. B. ist die Umdrehungszeit der Flügelblende hierbei konstant (gleichgültig wie die Aufnahmefrequenz eingestellt ist) und entspricht etwa der Einstellung auf 16 B/s. Bei offener Flügelblende beträgt die Belichtungszeit $^1/_{35}$ s. Bei längeren Aufnahmedauern muß das Federwerk nach einiger Zeit automatisch wieder aufgezogen werden. Deshalb wird lieber ein Elektromotor benutzt. Zur Einergangschaltung werden Spezialmotoren verwendet, die bei Kontakt gabe anlaufen und (eventuell auf einen weiteren Steuerimpuls hin) eine volle Umdrehung an die Ausgangswelle übertragen. Deren Umdrehungszeit ist konstant und beträgt z. B. $^1/_2$ s (Belichtungszeit bei offener Flügelblende $^1/_4$ s). Es gibt von der Fa. Kindervater Spezialmotoren mit 4 s Umlaufzeit (Belichtungszeit bei offener Flügelblende 2 s). Bei der Arriflex 16 kann man den Einergangmotor durch Auswechseln von Zahnrädern vor der Ausgangswelle auf die Belichtungszeiten von $^1/_{10}$, $^3/_{10}$ und $^9/_{10}$ s (bei offener Flügelblende) einstellen. Zu diesem Raffergerät gehört noch eine Uhr, die in beliebig einstellbaren Zeitintervallen einen Kontakt schließt, wodurch dann der Einergang betätigt wird.

Bei allen Zeitrafferkameras ist es besonders wichtig, neben dem Meterzähler für den Filmverbrauch auch einen Bildzähler an der Kamera zu haben, um den Ausfall von Bildschaltungen, z. B. durch einen fehlerhaften Raffer, sofort feststellen zu können. Auch die Genauigkeit der Schaltuhr kann während des Betriebes durch Zeitmessung während einiger Bildschaltungen überwacht werden. Ferner ist es auch wichtig, an der Kamera einen Schutzschalter gegen „Filmsalat" zu haben. So nennt man es, wenn der Film vom Greifer zwar durch den Filmkanal am Bildfenster gezogen wird, dann aber infolge von Störungen nicht weitertransportiert wird [37]. Er staut sich dann, knickt und faltet sich an der Staustelle, und wenn nicht abgeschaltet wird, können Getriebebeschädigungen entstehen. Gerade bei Zeitrafferaufnahmen mit den ja meist sehr langen Aufnahmezeiten von Tagen und Wochen ist ein frühzeitiges Erkennen von Fehlern wichtig, weil die langen Laufzeiten nutzlos vertan sind, wenn man erst am Schluß merkt, daß die Aufnahmen mißlungen sind.

Mit dem für den Einergang bestimmten Schaltvorgang am Raffergerät werden meistens noch andere Schaltvorgänge gekoppelt. Vor der Einzelbildbelichtung durch die Kamera muß z. B. das Aufnahmelicht zur Objektbeleuchtung eingeschaltet und vielleicht eine Verdunkelung an den Fenstern des Aufnahmeraumes betätigt werden. Häufig müssen für die Aufnahme auch Ventilatoren ein- oder ausgeschaltet, Bestrahlungslampen im Betrieb unterbrochen, Abdeckvorrichtungen betätigt werden usw. Dafür sind dem durch die Uhr ge-

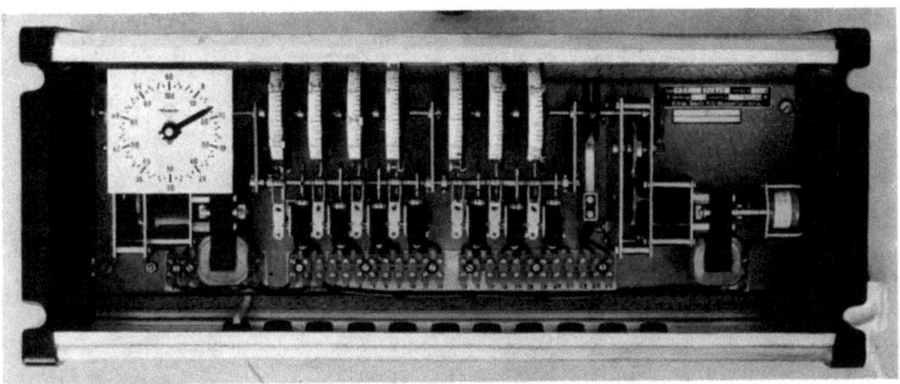

Abb. 26   Schritt-Schaltwerk mit veränderlicher Programm-Einstellung
Die Kreisscheiben auf der oberen Welle tragen verstellbare Kontakte, die auf die darunter befindlichen Kontaktfedern auflaufen

steuerten Hauptschaltrelais weitere Schaltkreise, z. B. über Nockenschalter mit einstellbaren Verzögerungen nachgeordnet, so daß im Zusammenhang mit jeder einzelnen Bildbelichtung ein ganzes Schaltprogramm ablaufen kann. Das Schaltwerk für eine solche Zeitraffer-Programmschaltung ist in Abb. 26 zu sehen. Die äußere Ansicht eines kompletten Zeitraffer-Schaltgerätes mit Uhr

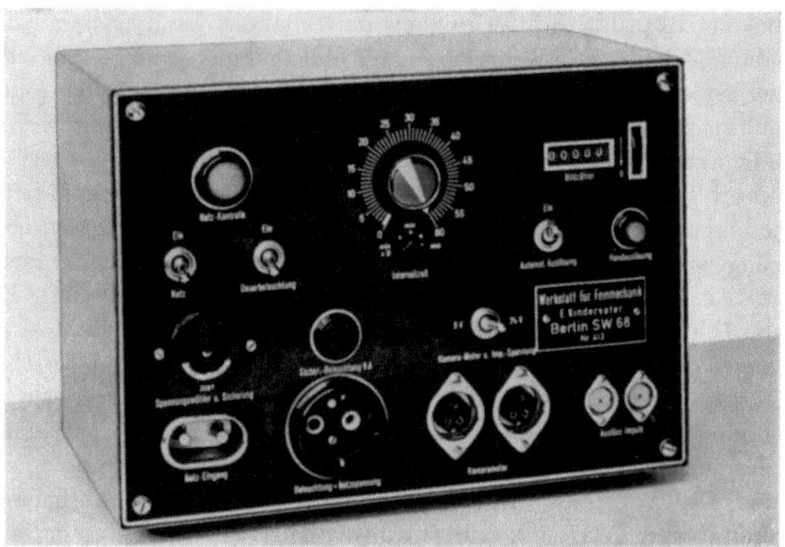

Abb. 27   Außenansicht eines kompletten Zeitraffer-Schaltgeräts

Abb. 28   Gewächshaus mit steuerbaren Verdunkelungen

zeigt Abb. 27. Solche Schaltungen können auch aus einzelnen Bauteilen je
nach vorliegender Aufgabenstellung selbst zusammengestellt werden.

Es wurde schon erwähnt, daß häufig irgendwelche Lichteintrittsöffnungen des
Raumes für die Zeit der Bildbelichtung verdunkelt werden müssen, damit

nicht unterschiedliche Zusatzlichter, z. B. durch Tageslicht oder direktes Sonnenlicht die Bildbelichtung beeinflussen. Bei Pflanzen-Wachstumsaufnahmen in Gewächshäusern, eine häufige Aufgabenstellung für die Zeitraffer-Filmaufnahme, macht es oft erhebliche Schwierigkeiten, die großen Glasflächen des Gewächshauses mit automatisch zu steuernden Vorrichtungen gut zu verdunkeln (Abb. 28). Noch viel größer ist die Schwierigkeit, auf freiem Feld Zeitrafferaufnahmen über längere Dauer zu machen. Hierfür sind automatisch gesteuerte, auf Schienen fahrbare kleine Verdunkelungshäuser gebaut wor-

Abb. 29   Fahrbares Verdunkelungshaus

den, wie es Abb. 29 zeigt. Alle diese Einrichtungen sind aber recht kompliziert, aufwendig und störanfällig.

Deshalb ist am Göttinger Institut für den Wissenschaftlichen Film eine Einrichtung, der sogenannte Tageslicht-Zeitraffer, entwickelt worden, mit dem man Zeitraffer-Filmaufnahmen in unverdunkelten Gewächshäusern, im Freien oder an sonst irgendeinem Ort über Tage und Wochen durchführen kann, ohne daß der Wechsel von zusätzlichem Tages- oder hellem Sonnenlicht mit völliger Dunkelheit bei Nachtaufnahmen Belichtungsschwankungen hervorruft [63]. Folgendes Prinzip liegt dieser Einrichtung zu Grunde: Es muß an der Kamera ein zusätzlicher Verschluß von extrem kurzer Öffnungs- und damit Belichtungszeit verwendet werden und synchron mit der Öffnung dieses Verschlusses eine Blitzbeleuchtung von derartiger Intensität auf das Aufnahmeobjekt gegeben werden, daß die größtmögliche Zusatzbeleuchtung durch

das hellste Sonnenlicht weniger als 1% der Gesamtbeleuchtungsstärke am
Aufnahmeobjekt ausmacht. Schwankungen der Belichtung, die unter 1%
liegen, können nämlich im Filmablauf nicht mehr bemerkt werden.
Als Grundlage eines Kurzzeitverschlusses eignet sich dafür recht gut der
magneto-optische Faraday-Effekt [72]. Vor das Objektiv der Kamera wird in
Richtung der optischen Achse ein Glaszylinder gesetzt [17], der vorn und
hinten durch gekreuzte Polarisationsfilter abgeschlossen ist. In diesem Zu-
stand der gekreuzten Polarisationsfilter ist der Verschluß lichtundurchlässig.
Um den Glaszylinder ist eine Spule gewickelt. Wird ein Stromstoß durch die
Spule geschickt, so dreht sich unter dem Einfluß des magnetischen Feldes im
Glaszylinder die Schwingungsebene des polarisierten Lichtes, und während
der kurzen Zeit des Stromstoßes und damit des Bestehens eines magnetischen
Feldes wird es durch das zweite gekreuzte Polarisationsfilter wieder austreten
können. Der Verschluß ist kurzzeitig lichtdurchlässig. Legt man die Spule

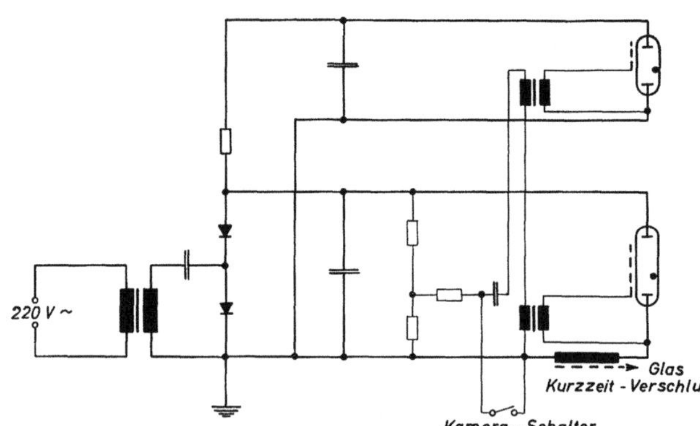

Abb. 30 Schaltung des
Tageslicht-Zeitraffers

in den Stromkreis einer intensiven Blitzröhre [64], so ist damit automatisch
die Synchronität zwischen Verschlußöffnung und Lichtblitz gewährleistet. Die
Schaltung ist sonst ähnlich der einer Blitzröhren-Beleuchtung für photographische Zwecke (Abb. 30). Den Gesamtaufbau des Tageslicht-Zeitraffers mit
Kamera, Kurzzeitverschluß, Steuergerät und Uhr zeigt Abb. 31. Wenn alles
aufeinander richtig abgestimmt ist, kurze Belichtungszeit (in unserem Fall
$^1/_{5000}$ s), Beleuchtungsstärke durch die Blitzbeleuchtung (etwa 10 Millionen
Lux am Objekt, denn 1% von 10 Millionen Lux sind 100 000 lx, und das ist
die maximale Beleuchtungsstärke an einem Sommer-Sonnentag), Objektivblende und Filmempfindlichkeit (so daß bei Einrechnung der Absorptionsver-
luste im Kurzzeitverschluß die richtige Deckung des Negativs gewährleistet
ist), dann kann damit ohne merkbare Belichtungsschwankungen auf dem Film
in unverdunkelten Räumen oder unter freiem Himmel Tag und Nacht aufge-

Abb. 31   Aufnahmeanordnung mit Tageslicht-Zeitraffer im Gewächshaus

K Kamera	U Uhr	G Aufnahmegegenstand
M Einergangmotor	St Steuergerät	Bl Blitzleuchten
KV Kurzzeit-Verschluß		

nommen werden. Diese Einrichtung ist also dort unentbehrlich, wo Tageslicht und Sonne, z. B. für das Wachstum von Pflanzen notwendig sind und wo die Zeitrafferaufnahmen über Tag und Nacht in der natürlichen Umwelt der betreffenden Pflanze, also z. B. im Gewächshaus oder auf dem Acker, im Gemüsegarten oder am Teich gemacht werden müssen. Beim Tageslicht-Zeitraffer sind natürlich auch alle anderen Einrichtungen eines Film-Zeitraffers vorhanden.

IV. Die Zeitdehnung

a) Kenngrößen der Zeitdehner-Kinematographie

Bei der Zeitdehnung ist die Aufnahmefrequenz größer als die Wiedergabefrequenz, also $f_A > f_W = 24$ B/s. Der *Dehnungsfaktor* f_A/f_W drückt zahlenmäßig aus, um wieviel länger die Zeit ist, in der ein Bewegungsvorgang in der Projektion wiedergegeben wird, gegenüber dem Ablauf in der Natur. Bei Filmaufnahmen mit $f_A = 48$ B/s ist die Zeitdehnung gegenüber der Wiedergabe mit 24 B/s zweifach, bei $f_A = 240$ B/s zehnfach, bei $f_A = 2400$ B/s hundertfach usw. Man gibt für die Filmvorführung in Zwischentiteln von wissenschaftlichen Filmen meist abgerundete Zahlen für den Dehnungsfaktor an, also z. B. bei $f_A = 1000$ B/s: Zeitdehnung etwa 40fach, und unterstützt häufig die Vorstellung für die Zeitdehnung beim Betrachter noch durch die zusätzliche Angabe der abgerundeten Aufnahmefrequenz im Titel: Aufnahme mit etwa 1000 B/s. Für die zahlenmäßige Auswertung von Forschungsfilmaufnahmen müssen natürlich die genauen Angaben der Aufnahmefrequenz für den auszuwertenden Filmteil vorliegen, denn darauf beziehen sich alle Zeitberechnungen für die Bewegungsvorgänge im Film.

Die Güte eines Zeitdehner-Verfahrens richtet sich nicht allein nach der damit maximal erreichbaren Aufnahmefrequenz. Im allgemeinen ist man leicht geneigt, bei dem Vergleich zweier Zeitdehner-Verfahren dasjenige von vornherein höher zu bewerten, das die höhere Aufnahmefrequenz f_A ermöglicht. Man kann jedoch bei dem gleichen Verfahren mit gleicher Filmgeschwindigkeit durch Halbierung der Bildhöhe h_F mit Leichtigkeit die doppelte Aufnahmefrequenz in Bildern je Sekunde erreichen, aber man verkleinert dabei auch die Flächengröße des Filmbildes A_F und damit die für die Auswertung zur Verfügung stehende Bildpunktzahl. Gleichzeitig bekommt man aber auch bei halber Bildhöhe auf der gleichen Filmlänge die doppelte Anzahl von Phasenbildern von dem aufgenommenen Vorgang. Ein Vorteil auf der einen Seite ist meistens mit einem Nachteil auf der anderen Seite verbunden. Daher muß der *gesamte Informationsgehalt*, der in der Zeitdehner-Filmaufnahme enthalten ist, bei einem Gütevergleich verschiedener Verfahren betrachtet werden. Besonders bei der Durchführung von Forschungsaufnahmen kommt es darauf an, diese Zusammenhänge zu kennen, eventuell auch zahlenmäßig in Vergleich zu setzen, um daraus berechnen zu können, welche Aufnahmebedingungen für eine meßtechnisch auszuwertende kinematographische Forschungsaufnahme erfüllt sein müssen, um ein bestimmtes Ergebnis sicherstellen zu können.

H. Schardin hat unter Benutzung einzelner von ihm aufgestellter Gütefaktoren einige Kenngrößen für die kinematographischen Verfahren der Zeitdehnung festgelegt [75], mit denen der Informationsinhalt von Filmaufnahmen für die meßtechnische Auswertung zahlenmäßig erfaßt werden kann. Diese Kenngrößen, die im Endergebnis eine vergleichende Bewertung des Gesamtinformationsinhaltes verschiedener Zeitdehner-Aufnahmeverfahren erlauben, geben mit ihren einzelnen Faktoren die Möglichkeit, abzuwägen, welche Teilinformationen im Hinblick auf das jeweilige Ziel der Auswertung von besonderem Gewicht sind und daher für die Wahl des kinematographischen Verfahrens ausschlaggebend sein müssen.

Grundlagen für die erste Kenngröße sind die Aufnahmefrequenz f_A und ein Gütefaktor, der die Belichtungszeit eines Bildpunktes und die Belichtungszeit des gesamten Bildes im Vergleich zur Bildwechselzeit berücksichtigt [70]. Geht man davon aus, daß die Auswertung durch Ausmessung der Filmaufnahmen die Kurvenpunkte z. B. für eine Zeit-Weg-Kurve liefern soll, so ist es sinnvoll, jedem Filmbild einen Kurvenpunkt zuzuordnen. Die Zahl der Kurvenpunkte für einen bestimmten Bewegungsvorgang ist dann proportional der Aufnahmefrequenz f_A. Die Genauigkeit der Zuordnung des einzelnen Kurvenpunktes (Phasenbildes) zu einem bestimmten Zeitpunkt hängt nun von dem Verhältnis der Belichtungszeit zur Bildwechselzeit t_W ($t_W = 1/f_A$) ab. Je kürzer die Belichtungszeit t_P eines Bildpunktes (Punktbelichtungszeit) im Vergleich zur Bildwechselzeit t_W ist, desto größer ist die Genauigkeit der Zuordnung dieses Bildpunktes zu einem bestimmten Zeitpunkt. Daher wird der darauf bezügliche Gütefaktor definiert als

$$g_P = \frac{t_W}{t_P}$$

Wenn die Belichtung des Filmbildes über die Bildhöhe nicht gleichzeitig erfolgt (Schlitzblendeneffekt), die Ausmessung sich aber über die ganze Bildhöhe erstrecken soll, dann spielt auch für die relative Meßgenauigkeit der Zeitzuordnung die Belichtungszeit des vollen Bildes t_B (Bildbelichtungszeit) im Verhältnis zur Bildwechselzeit eine Rolle, und es wird ein weiterer Gütefaktor nach Schardin definiert als

$$g_B = \frac{t_W}{t_B}$$

Meistens werden sich allerdings die auszuwertenden Bewegungsvorgänge auf bestimmte Bildzonen beschränken, oder die Verzerrungen können gegebenenfalls korrigiert werden, so daß Schardin bei der Aufstellung der Kenngrößen der Zeitdehner-Kinematographie für den Gütefaktor g einen Mittelwert benutzt ($g_B < g < g_P$).

Eine Kenngröße, die die gesamte Auswertgenauigkeit zu beurteilen gestattet, muß demnach zunächst einmal die mit der Frequenz f_A multiplizierte Schardinsche Gütezahl g enthalten, um damit zu berücksichtigen, in welchem Maße die Zeitzuordnung des einzelnen Kurvenpunktes durch die Objektbewegung während der Belichtung ungenau wird. Außerdem ist aber die Genauigkeit, mit der eine ganze Kurve ermittelt werden kann, noch von der Zahl der zur Verfügung stehenden Kurvenpunkte (hier der Einzelbilder) abhängig. Nach den Regeln der Fehlerrechnung wächst die Genauigkeit einer Kurvenermittlung proportional mit der Wurzel aus der Anzahl der Meßpunkte abzüglich der Anzahl der Bestimmungsgrößen für die zu ermittelnde Kurve. Setzt man voraus, daß die Anzahl der Meßpunkte genügend groß ist und der Subtrahent (Anzahl der Bestimmungsgrößen) dagegen vernachlässigt werden kann, so ist die Kurvenauswertgenauigkeit, soweit sie von den Bedingungen der Aufnahme, also Frequenz und Belichtungszeit abhängt, durch Hinzufügen eines Faktors $\sqrt{f_A}$ mit genügender Genauigkeit gekennzeichnet. Man erhält also insgesamt $g \cdot f_A \cdot \sqrt{f_A} = g \cdot f_A^{3/2}$. Da es zweckmäßiger ist, daß die Frequenz in der ersten Potenz auftritt, potenziert man diesen Ausdruck mit ²/₃ und verwendet nach Schardin als eine erste charakteristische Kenngröße den Ausdruck

$$K_1 = f_A \cdot g^{2/3}$$

Eine weitere Kenngröße erfaßt die Auswertgenauigkeit eines Punktes auf dem Filmbild hinsichtlich seiner genauen örtlichen Lage. Sie ist abhängig von der Fläche A_F des Filmbildes und dem kleinsten erkennbaren Detail δ. Diese Auswertmöglichkeit ist um so besser, je größer die Fläche A_F und bei der Punktlokalisation in Höhe und Seite, je kleiner die Unschärfe und damit die meßbare Entfernung δ zweier gerade noch getrennt erkennbarer Bildpunkte ist. Die zweite Kenngröße ist nun definiert als

$$K_2 = \frac{A_F}{\delta^2}$$

Diese Kenngröße K_2 gibt die maximal mögliche Anzahl der Meßpunkte auf dem Filmband an. δ stellt dabei einen Streckenwert dar, der aussagt, wie hoch die Auswertgenauigkeit von Abstandsmessungen im Filmbild bei dem benutzten kinematographischen Verfahren getrieben werden kann. Dafür ist unter sonst gleichen Bedingungen (Korngröße des Photomaterials, Kontrastübergangsfunktion, Auswertverfahren usw.) das vom Aufnahmeverfahren abhängige Auflösungsvermögen ausschlaggebend.

Wir haben bisher nur die Abhängigkeit von den Daten des Aufnahmeverfahrens betrachtet. Für die tatsächlich erreichbare Auswertgenauigkeit ist aber auch die Bewegungsunschärfe im Filmbild mitbestimmend, die von der Bewegung des Objektes herrührt [38, 12]. Je größer die Objektgeschwindigkeit v bei der Aufnahme, je größer der Abbildungsmaßstab und je größer die Punktbelichtungszeit t_P ist, desto größer ist die Bewegungsunschärfe eines Bildpunktes. Wenn man den Abbildungsmaßstab z. B. durch das Verhältnis der Breiten von Filmbild b_F zu Aufnahmefeld b_A ausdrückt, so wird die Bewegungsunschärfe

$$\delta_F = \frac{b_F}{b_A} \cdot v \cdot t_P$$

Über die Punktbelichtungszeit t_P geht also hier ein vom Aufnahmeverfahren abhängiger Faktor ein, der vorher schon in dem Schardinschen Gütefaktor $g_P = t_W/t_P$ erfaßt worden war. In der Praxis versucht man es so einzurichten, daß die Bewegungsunschärfe durch eine geeignete Wahl des Abbildungsmaßstabes in der durch das Aufnahmeverfahren bedingten Auswertgenauigkeit untergeht ($\delta_F < \delta$).

Jedes Verfahren der Zeitdehner-Kinematographie ist nun noch gekennzeichnet durch die überhaupt mögliche Gesamtzahl der auswertbaren Phasenbilder B. Im Vergleich der Verfahren untereinander wird dasjenige mit der größeren Zahl der Phasenbilder unter sonst gleichen Bedingungen das überlegenere sein. Im Hinblick auf die Kurvenauswertgenauigkeit gilt das vorher Gesagte, so daß bei der Definition dieser Kenngröße auch wieder die Zahl der möglichen Meßpunkte, hier die Gesamtzahl der auswertbaren Phasenbilder B, mit dem Faktor $g^{2/3}$ multipliziert werden muß. Man erhält dann eine weitere Kenngröße

$$K_3 = B \cdot g^{2/3}$$

Diese drei zunächst voneinander unabhängigen Kenngrößen K_1, K_2 und K_3 könnten nun noch weiter zusammengefaßt werden zu einer Kenngröße für die sekundliche Information

$$K_4 = K_1 \cdot K_2 = f_A \cdot g^{2/3} \cdot \frac{A_F}{\delta^2}$$

und zu einer Kenngröße für die Gesamtinformation eines Filmstreifens

$$K_5 = K_2 \cdot K_3 = \frac{A_F}{\delta^2} \cdot B \cdot g^{2/3}$$

Bei den praktisch möglichen gerätetechnischen Konstruktionen sind aber die Kenngrößen stark voneinander abhängig. Die Grenzen in der Aufnahmefrequenz, Filmbildgröße, Gesamtzahl der Phasenbilder usw. sind wechselseitig bedingt. Bei der Wahl eines Zeitdehner-Aufnahmeverfahrens für eine bestimmte Forschungsaufgabe muß daher ein möglichst günstiger Kompromiß geschlossen werden, um das jeweils beste Ergebnis zu erzielen [84]. Es sei darauf hingewiesen, daß außer diesen Kenngrößen auch noch andere Faktoren für die Wahl des Aufnahmeverfahrens bei einer speziellen Aufgabe eine Rolle spielen können, wie Beleuchtungsfragen, Schwierigkeiten der Synchronisierung von Bewegungsvorgängen mit dem Beginn der Filmaufnahme usw. [15]. Bei den Verfahren der kinematographischen Zeitdehnung erfolgt die Filmaufnahme mit einer höheren Bildwechselfrequenz f_A als der bei der Filmprojektion verwendeten Bildwechselfrequenz f_W. Je größer der Dehnungsfaktor f_A/f_W sein soll, um so höher muß — ausgehend von der genormten Wiedergabefrequenz $f_W = 24$ B/s — die Aufnahmefrequenz f_A sein. Die Spanne der Aufnahmefrequenzen geht bis zu mehr als 1 000 000 B/s. Es ist üblich, die Einteilung der Zeitdehnerverfahren nach Gruppen vorzunehmen, die bestimmte Aufnahmefrequenz-Bereiche umfassen. Die Gesichtspunkte für die Begrenzung der Gruppen können verschieden sein. In der nachfolgenden Zusammenstellung ist die Einteilung nach technischen Gesichtspunkten vorgenommen worden. Es werden drei Gruppen unterschieden:

Verfahren für geringe Zeitdehnung

Die Filmkameras arbeiten hierbei grundsätzlich wie normalfrequente Kameras mit ruckweisem Filmtransport (Schrittschaltwerk mit Greifer). Diese Verfahren umfassen Aufnahmefrequenzen von mehr als 24 B/s bis etwa 500 B/s (Zeitdehnung bis etwa 20fach).

Verfahren für mittlere Zeitdehnung

Hier läuft der Film kontinuierlich durch die Kamera, und die Bildschärfe wird durch extrem kurze Belichtungszeiten oder durch optischen Ausgleich mit rotierenden Linsen- oder Spiegelkränzen oder mit rotierenden Prismen gewährleistet. Die Aufnahmefrequenzen bei diesen Verfahren liegen etwa zwischen 500 B/s und 20 000 B/s (Dehnungsfaktoren zwischen 20 und 800).

Verfahren für hohe Zeitdehnung

Bei sehr hohen Aufnahmefrequenzen ist es nicht möglich, den Film während der Aufnahme zu beschleunigen. Man kann auf ruhendem Film aufnehmen, wenn die einzelnen Bilder durch geeignete Verfahren so getrennt werden, daß sie zeitlich nacheinander und räumlich nebeneinander entstehen (Kameras mit rotierendem Spiegel oder funkenkinematographische Verfahren, z. B. nach Cranz-Schardin). Es ist auch möglich, einen Filmstreifen begrenzter Länge vor der Aufnahme auf die nötige Geschwindigkeit zu beschleunigen (Trommelkameras). Entsprechend der für die Kinematographie gegebenen Definition werden hier nur Verfahren betrachtet, die mindestens 20 Phasenbilder liefern. Es werden Aufnahmefrequenzen über 20 000 B/s bis zu mehreren Millionen Bilder je Sekunde erreicht (Zeitdehnung über 800fach bis zu einer Grenze von etwa 400 000fach).

b) Verfahren für geringe Zeitdehnung

Kameras für geringe Zeitdehnung ähneln grundsätzlich denjenigen für normalfrequente Aufnahmen, wie sie in ihrem Aufbau und in ihrer Wirkungsweise in Kapitel II beschrieben sind. Übliche Schmalfilmkameras für 16-mm-Film können meistens über die normale Aufnahmefrequenz von 24 B/s hinaus durch Regelung z. B. am Fliehkraftregler bis zu 50, höchstens 80 B/s benutzt werden. Auch Normalfilmkameras für 35-mm-Film können manchmal mit einem geregelten Motor mit mehr als 24 B/s betrieben werden. Die Grenze liegt bei rund 100 B/s. Darüber hinaus müssen speziell für höhere Aufnahmefrequenzen gebaute Kameras benutzt werden. Diese gibt es sowohl für 35-mm-Film wie für 16-mm-Film. Die Grenzen werden hauptsächlich durch das Filmmaterial gesetzt, denn der ruckweise Filmtransport bei den hohen Aufnahmefrequenzen beansprucht die Filmperforation recht erheblich. So ist es auch zu verstehen, daß man entsprechend den unterschiedlichen Massen des Films, die je Bild zu transportieren sind und entsprechend den unterschiedlichen Weglängen je Bildwechselschaltung bei den verschiedenen Filmformaten zu verschiedenen Höchstgrenzen der Aufnahmefrequenz kommt. Bei 35-mm-Film erreicht man bei ruckweisem Filmtransport maximal etwa 300 B/s [95], bei 16-mm-Film etwa 600 B/s. Bei wissenschaftlichen Filmaufnahmen — zumal bei Zeitdehneraufnahmen — spielt der 16-mm-Film eine bevorzugte Rolle. Er soll deshalb bei der Betrachtung der Filmkameras für geringe Zeitdehnung auch hier besonders herausgestellt werden.

Abb. 32 zeigt den Filmlauf einer 16-mm-Kamera [81, 86], die Aufnahmefrequenzen bis zu 500 B/s oder 600 B/s gestattet (Mitchell Monitor). Abwickel- und Aufwickelspule Sp (120 m) liegen koaxial hintereinander. Von der hinten liegenden Abwickelspule geht der Film an der Zeitschreiber-Einrichtung S vorbei zur ersten Vorwickelzahntrommel. In einer Schleife wird der Film dann von dieser zu einer zweiten koaxial davorliegenden Vorwickelzahntrommel Z_1 geführt. Damit ist der Film aus der hinteren in die vordere Laufebene gelenkt, in der Bildfenster und Aufwickelspule liegen. In einer Filmschleife läuft der Film in den Filmkanal FK ein. Die hintere Andruckplatte des Filmkanals ist hier nicht gefedert, sondern fest eingestellt. Das Filmschaltwerk besteht aus einem Viergelenk-Schwinghebelsystem, wobei der Greifer G eine flache Ellipse beschreibt. Ein doppelseitiger Justiergreifer (Sperrgreifer) J hält das Bild während der Belichtungszeit fest. Er faßt in das direkt unter dem Bildfenster liegende Perforationslochpaar des doppelseitig perforierten 16-mm-Schmalfilms. Der Transportgreifer greift in das darunter liegende Perforationslochpaar. Transport- und Justiergreifer werden so gesteuert, daß stets einer von ihnen im Eingriff ist und der Film immer entweder transportiert oder justiert wird. Damit wird eine sichere Filmführung und ein guter Bild-

Abb. 32   Filmlauf in der
Monitor 600

Sp Aufwickelspule
S Zeitschreiber-Ein-
    richtung
Z_1 *Vorwickelzahn-*
    trommel
FK Filmkanal
G Transportgreifer
J Justiergreifer
Z_2 *Nachwickelzahn-*
    trommel

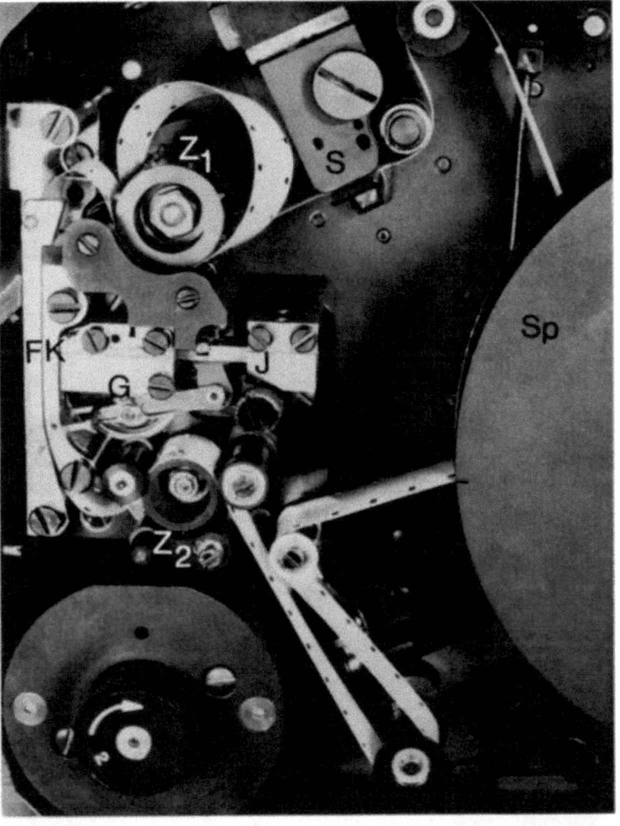

stand erreicht. Vor dem Einlegen des Films in den Filmkanal muß natürlich
der Transportgreifer außer Eingriff gebracht (Markierung für die Greiferspitze an der Filmandruckplatte des Filmkanals) und der Justiergreifer durch
Lösen einer Halteschraube herausgeschwenkt werden. Beim Einlegen des Films
muß dann der Justiergreifer unter Verschieben des Films wieder so einge-
schwenkt werden, daß er genau ein Perforationslochpaar erfaßt, bevor er durch
Anziehen der Halteschraube festgelegt wird. Das Filmeinlegen erfordert also
eine gewisse Geschicklichkeit. Durch einen Sicherheitsschalter ist aber dafür
gesorgt, daß die Kamera bei fehlerhaftem Einschwenken des Justiergreifers
nicht anläuft. Unterhalb des Filmkanals wird dann der Film in einer Schleife
über die untere Nachwickelzahntrommel Z_2 und von dort über zwei Umlenk-
rollen zur Aufwickelspule Sp geführt.
Die Flügelblende (Umlaufverschluß) ist von außen bilateral verstellbar, so daß
die Mittellinie der Sektoröffnung (größte Öffnung $120°$) in ihrer Lage erhalten bleibt. Wenn diese die Bildmitte durchläuft, wird ein elektrischer Impuls

ausgelöst, der zur Steuerung von Blitzgeräten oder ähnlichen Einrichtungen benutzt werden kann [50]. Zum Antrieb der Kamera wird ein elektronisch gesteuerter Doppelspannungs-Gleichstrommotor benutzt. An einem Präzisions-potentiometer kann die Bildfrequenz von 6 B/s bis 500 B/s (bzw. 600 B/s) eingestellt werden. Die Regelgenauigkeit der Aufnahmefrequenz wird im Bereich von 6 bis 100 B/s mit $\pm$ 1 B/s, im Bereich von 100 bis 600 B/s mit $\pm$ 1% angegeben.

Aus der Beschreibung der Filmführung und Filmschaltung ist zu ersehen, daß diese 16-mm-Kamera für 500 B/s (nach unserer Einteilung obere Grenze der geringen Zeitdehnung) in Aufbau und Wirkungsweise grundsätzlich identisch ist mit einer üblichen 16-mm-Kamera für normalfrequente Filmaufnahmen. Die erhöhte Aufnahmefrequenz wird erreicht durch das Material und die Präzision des Greifer-Getriebes, durch die Qualität der hierbei verwendeten Achsenlagerungen und durch das exakte Zusammenspiel von Transport- und Justiergreifer mit dem benutzten Filmmaterial.

In diesem Zusammenhang sei noch auf eine andere 16-mm-Kamera mit Greifer bis zu 200 B/s (Eclair, Camematic GV 16) hingewiesen, die für das einwandfreie Zusammenwirken von Sperrgreifer und Filmperforation eine ge-

Abb. 33 Transport- und einstellbare Justiergreiferspitze im Filmkanal der Camematic GV 16

G Transportgreifer
J Justiergreifer
H Justierhebel

sonderte Justiermöglichkeit für diesen Greifer besitzt (Abb. 33). Beim Einlegen des Films wird ein Justierhebel H des Justiergreifers J betätigt und zunächst auf eine durch die Filmaufnahmefrequenz gekennzeichnete Marke (GV,
PV) eingestellt. Je nach dem benutzten Filmmaterial, seiner Schrumpfung und
seiner Perforation wird dann der Justiergreifer durch Anpassung so festgelegt,
daß er einwandfrei arbeitet und einen guten Bildstand garantiert. Bei ruckweisem Filmtransport mit hohen Filmaufnahmefrequenzen kommt dem Justiergreifer eine erhöhte Bedeutung zu.

c) Zeitregistrierung bei Zeitdehner-Aufnahmen

Wenn die Kinematographie als Hilfsmittel der Forschung gebraucht wird, muß
die Filmaufnahmefrequenz mit ausreichender Genauigkeit gemessen werden,
um bei der Auswertung der Filmaufnahmen den zeitlichen Abstand der einzelnen Bilder bestimmen zu können. Häufig wird zu diesem Zweck eine Uhr
im Bildfeld mit aufgenommen, um den zeitlichen Ablauf im Bild selbst ver-
folgen zu können. Solche Uhren erreichen Genauigkeiten von $\pm$ $^1/_{100}$ s. Je
nach Anforderung an die Auswertgenauigkeit mag diese Methode den An-
sprüchen bei geringen Zeitdehnungen genügen. Bei Aufnahmefrequenzen
über 100 B/s oder wenn eine Uhr im Bildfeld als störend empfunden wird,
muß man aber zu genaueren Zeitregistrierungen im Film greifen.
Die hierfür gebräuchliche Methode besteht in der Aufzeichnung von Zeitmarken auf dem Filmrand außerhalb der Perforation mit Hilfe von impulsgesteu-
erten Glimmlampen. Benutzt werden kleine Glimmlampen für 110 V und
1 bis 2 mA. Sie erhalten in den Zeitschreibern Spitzenspannungen bis zu
300 V [36]. Die Abb. 34 zeigt den Aufbau einer solchen Glimmlampen-Zeit-
schreibereinrichtung. In einem Gehäuse befindet sich die Glimmlampe Gl,

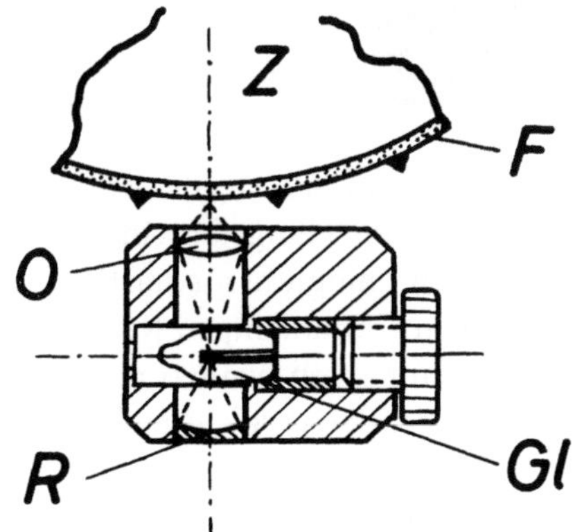

Abb. 34 Aufbau eines Glimmlampen-Zeit-
markenschreibers

Z Zahntrommel
F Film
O Objektiv
Gl Glimmlampe
R Reflektor

deren durch den Reflektor R verstärkter Leuchtfleck über ein Objektiv O auf dem Rand eines auf der Zahntrommel Z kontinuierlich vorbeilaufenden Films F abgebildet wird. Die Lichtintensität der Glimmlampe wird so abgestimmt, daß auf einem Film mit der Empfindlichkeit von 15 DIN eine ausreichende Schwärzung hervorgerufen wird. Auf dem Filmrand entsteht die Zeitmarke

Abb. 35 Zeitmarken auf dem Filmrand

Positiv, Marken erscheinen hell. Aufnahmen einer fliegenden Biene mit etwa 1900 B/s, Zeitmarkenfrequenz 1000 Hz

als Schwärzungsbalken, dessen Länge durch die Impulsdauer an der Glimmlampe und die Filmgeschwindigkeit bestimmt wird (Abb. 35). Um für die Auswertung möglichst scharfkantig begrenzte Zeitmarken zu bekommen, werden den Glimmlampen Rechteckimpulse mit steilen Flanken zugeführt. Bei solchen Zeitmarken benutzt man Impulsdauern von 10 bis 40 μs. Zur besseren Übersicht bei der vergleichenden Auswertung mehrerer Aufnahmen verschiedener Zeitdehnerkameras werden für die verschiedenen Zeitmarken-Frequenzen auch Impulsdauern verschiedener Länge benutzt [7], z. B. für 1000 Hz

eine Impulsdauer von 10 μs und für 100 Hz eine Impulsdauer von 90 μs. Bei
Benutzung der 1000-Hz-Frequenz für die Zeitmarkenaufzeichnung kann dann
zusätzlich noch die 100-Hz-Frequenz mit längerer Impulsdauer überlagert
werden, so daß durch diese dekadische Kennzeichnung (jede zehnte Zeitmarke
ist entsprechend länger) ein besserer Überblick gegeben ist.
Die Glimmlampen erhalten die Impulse von Zeitmarkengebern, bei denen von
stimmgabel- oder quarzgesteuerten Oszillatoren Schwingungen von 1000, 100
oder auch 10 Hz mit sehr großer Frequenzkonstanz abgegeben werden, die
dann in Verstärkern mit Impulsumwandlern in die gewünschten Rechteckimpulse umgeformt werden. Das Blockschaltbild eines solchen quarzgesteuer-

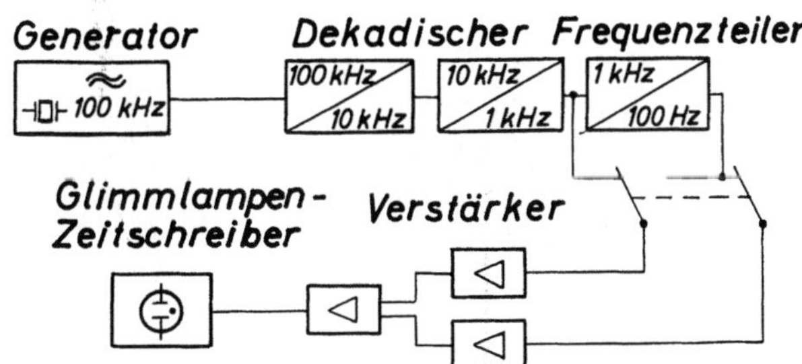

Ab. 36 Blockschaltbild
eines Zeitmarkengebers mit
Frequenzteiler

ten Zeitmarkengebers mit Frequenzteiler ist in Abb. 36 dargestellt. Die Fre-
quenzgenauigkeit eines für Zeitdehner-Filmaufnahmen benutzten stimmga-
bel- oder quarzgesteuerten Zeitmarkengebers ist um mehr als eine Zehner-
potenz höher als die Genauigkeit der Ausmeßmöglichkeit der Schwärzungs-
marken auf dem Film, worüber in Kapitel V bei der Behandlung der Auswertung von Forschungsfilmaufnahmen noch nähere Ausführungen gemacht werden sollen.
Einen in eine Zeitdehner-Kamera (Fastax) eingebauten Zeitmarkenschreiber
zeigt die Abb. 37. Häufig befinden sich im gleichen Gehäuse zwei Zeitmarkenschreiber (Glimmlampen) nebeneinander. Die eine Glimmlampe zeichnet
durchgehend eine feste Frequenz auf, aus der bei der Auswertung zu den entsprechenden Filmbildern die Aufnahmefrequenzen oder die zeitlichen Ab-
stände von Bild zu Bild bestimmt werden sollen. Die andere Glimmlampe
kann für Kennmarken benutzt werden, die zur zeitlichen Kennzeichnung anderer Ereignisse, z. B. eines Synchronzeichens einer gleichzeitig laufenden
Oszillographen-Aufnahme dienen kann, so daß der Bewegungablauf im Bild
mit einer Kurvenaufzeichnung synchron vergleichbar ist.
Diese Zeitmarkeneinrichtung kann natürlich nur bei kontinuierlich laufendem
Film benutzt werden. Bei den Kameras mit Schrittschaltwerk (Greifer) erfolgt
die Aufzeichnung vor der Vorwickelzahntrommel oder hinter der Nachwickel-

Abb. 37   Zeitmarken-
schreiber in der Fastax-
Kamera

Z *Zahntrommel*
F *Film*
Gl *Glimmlampengehäuse*

zahntrommel, bei den im folgenden Abschnitt behandelten Zeitdehner-Kame-
ras mit kontinuierlichem Filmdurchlauf und optischem Ausgleich an irgendeiner geeigneten Stelle vor oder hinter dem Filmkanal oder dem belichteten
Filmbild. In jedem Fall ist die Zeitmarke gegenüber dem dazugehörigen Bild
stets um einige Bilder vorwärts oder rückwärts versetzt, was bei der Auswertung berücksichtigt werden muß. Bei Zeitdehnerverfahren mit ruhendem Film
(Verfahren für hohe Zeitdehnung) muß die Bestimmung der Aufnahmefrequenz in anderer Weise vorgenommen werden.

d) Verfahren für mittlere Zeitdehnung

Die Verfahren für geringe Zeitdehnung werden bei der hier getroffenen Einteilung nach oben begrenzt durch Aufnahmefrequenzen von 500 bis 600 B/s.
Sie sind gekennzeichnet durch den ruckweisen Filmtransport. Höhere Schalt-
frequenzen hält der Film bei ruckweisem Transport mit Schrittschaltwerken
nicht aus. Will man also die Grenze 500 bis 600 B/s überschreiten, so muß
man vom ruckweisen Filmtransport abgehen und den Film kontinuierlich
durch die Kamera laufen lassen. Man würde dabei ausreichend scharfe Bilder

auf dem Film erhalten, wenn die Belichtungszeit so kurz wäre, daß die Unschärfe durch die Bewegung des Films während der Belichtung in erträglichen Grenzen bliebe. Diese Grenze könnte man z. B. in der für die Auswertung des Films zugelassenen Bewegungsunschärfe sehen.

Am einfachsten ist es, dicht vor dem Bildfenster eine in Filmtransportrichtung mit großer Geschwindigkeit umlaufende Schlitzscheibe zu benutzen, deren Umfangsgeschwindigkeit v_{Sch} sehr viel größer sein muß als die Filmgeschwindigkeit v_F [57]. Jeder Schlitz läuft dann so schnell über das Bild hinweg, daß der Film sich inzwischen noch nicht erheblich weiterbewegt hat, und belichtet es nach Art eines Schlitzverschlusses mit sehr kurzer Punktbelichtungszeit. Bezeichnet man die Höhe (Abmessung in der Bewegungsrichtung) der in der Schlitzscheibe angeordneten engen Schlitze mit h_{Sch}, so ist in erster Annäherung die Belichtungszeit eines Bildpunktes:

$$t_P = \frac{h_{Sch}}{v_{Sch} - v_F}$$

Rechnet man mit den in der Praxis im Grenzfall realisierbaren Werten für die Schlitzhöhe von h_{Sch} = 0,25 mm, für die Umfangsgeschwindigkeit der Schlitzscheibe v_{Sch} = 270 m/s und für die Filmgeschwindigkeit v_F = 20 m/s, so erhält man:

$$t_P = \frac{0,25}{(270-20) \cdot 10^3} = 1 \ \mu s$$

Das ergäbe eine durch die Filmgeschwindigkeit v_F während der Punktbelichtungszeit t_P bedingte Unschärfe von:

$$\delta_F = v_F \cdot t_P = 20 \cdot 10^3 \cdot 1 \cdot 10^{-6} = 0,02 \ \text{mm}$$

Das wäre aber auch etwa der Grenzwert einer für eine meßtechnische Auswertung zulässigen Bewegungsunschärfe. Die Filmgeschwindigkeit von v_F = 20 m/s entspricht für 16-mm-Schmalfilm einer Bildaufnahmefrequenz von etwa 2500 B/s. Diese Methode wird bei einer Breitfilm-Kamera für Zeitdehner-Filmaufnahmen verwendet. Für die Auswertung muß dabei noch die durch den Schlitzverschlußeffekt bedingte Bildstauchung berücksichtigt werden. Die Belichtung aller Bildpunkte erfolgt ja nicht gleichzeitig, sondern im Laufe einer durch die Schlitzgeschwindigkeit bestimmten Zeit. Die dadurch bedingte Bildverzerrung kann aber bei der meßtechnischen Auswertung eliminiert werden. Für höhere Aufnahmefrequenzen müßte bei dieser Methode die Filmgeschwindigkeit erhöht und damit die Belichtungszeit noch weiter verkürzt werden. Das geschieht mit Anordnungen, die im nächsten Abschnitt (IVe, Verfahren für hohe Zeitdehnung) behandelt werden.

Im Bereich der hier erörterten mittleren Zeitdehnung, also bei Aufnahmefrequenzen zwischen 500 und 20 000 B/s werden nun aber fast ausschließlich
Aufnahmeverfahren benutzt, die keinen Gebrauch von sehr kurzen Punkt-
belichtungszeiten machen und daher auch keine extrem hohen Objektbeleuch-
tungen benötigen. Für die praktische Anwendung ist das von sehr großer Bedeutung. Das gelingt durch einen sogenannten optischen Ausgleich. Beim
Filmdurchlauf wird dafür gesorgt, daß das optische Bild auf dem Film während
der Belichtung des einzelnen Filmbildes mit gleicher Geschwindigkeit wandert
wie der kontinuierlich durchlaufende Film. Es bleibt relativ zum Film in Ruhe.
Diese Forderung ist allerdings nicht für alle Bildteile in gleich guter Weise zu
erfüllen. Vornehmlich in den Randzonen verbleiben optische Restfehler, deren
Art und Größe von den benutzten optischen Einrichtungen abhängen. Man
kann hier durch synchronisierte Kurzzeitbeleuchtungen [27] Verbesserungen
erzielen. Die maximale Aufnahmefrequenz wird durch die größte Durchlauf-
geschwindigkeit des Films gegeben, bei der noch ein sicherer Lauf und unbe-
schädigter Film garantiert ist. Bei einem Film, der von einer Spule abläuft, über
Zahntrommeln transportiert und auf einer anderen Spule wieder aufgewickelt
wird, kann man mit einer maximalen Laufgeschwindigkeit von $v_F = 75$ m/s
rechnen. Bei 16-mm-Schmalfilm wären das etwa 10 000 B/s, bei 8-mm-Schmal-
film etwa 20 000 B/s.
Der optische Ausgleich kann auf verschiedene Weise erzielt werden. Hier
werden die drei für die Lösung des Problems charakteristischen Verfahren
behandelt, die auch bei der industriellen Herstellung von Zeitdehner-Geräten
mit gewissen Ausnahmen verwendet werden. Es handelt sich um die Prinzipien der rotierenden Linsenscheibe, des rotierenden Spiegelkranzes und des
rotierenden Prismas.

Optischer Ausgleich mit rotierender Linsenscheibe

Einen optischen Ausgleich zwischen Bild und kontinuierlich laufendem Film
kann man erreichen, wenn zwischen dem feststehenden Objektiv und dem
Film eine Kette von Linsen angeordnet ist, die sich in der Filmlaufrichtung mit
einer der Filmgeschwindigkeit v_F angepaßten Linsengeschwindigkeit v_L bewegt, wie es die Abb. 38 veranschaulicht. Praktisch durchführbar ist eine solche
Anordnung mit einer Linsenscheibe, auf der die Linsen am Rand ringförmig
angeordnet sind und deren Umdrehungsgeschwindigkeit über ein Getriebe
in einem festen Verhältnis zur Filmgeschwindigkeit steht [89]. Abb. 39 zeigt
an einer früher von der AEG hergestellten Ausführung eines Zeitdehners [33]
die Linsenscheibe mit 8 Linsen für das Normalfilmformat 35 mm, davor am
abgehobenen Deckel das feste Objektiv und hinter einer Linse erkennbar das
Bildfenster. Die Brennweite des gesamten Systems wird gegenüber der Brenn-

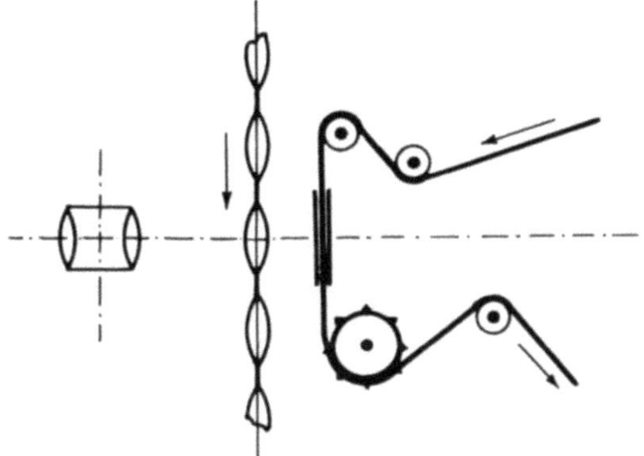

weite f_0 des festen Objektivs durch die beweglichen Linsen mit den um weniger als 1 % untereinander variierenden Brennweiten f_L etwas verkürzt. In dem optisch-geometrischen Strahlengang der Abb. 40 sind zwei Stellungen einer Ausgleichslinse der Linsenscheibe gezeichnet, in denen ihre optischen Achsen den Abstand d haben. Das feste Objektiv O mit der Brennweite f_0 erzeugt das Bild bei P_0. Durch Einschaltung der Ausgleichlinse mit der Brennweite f_L in Stellung L verschiebt sich das Bild nach P. In dieser Ebene liegt der Film F. Der Abstand zwischen der Hauptebene der Ausgleichlinse und der Filmebene

Abb. 39 Zeitdehner-Kamera mit Linsenscheibe

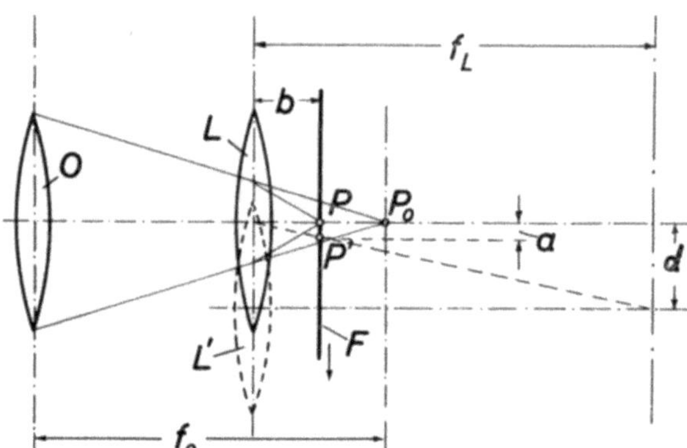

beträgt *b*. Durch Verschiebung der Ausgleichlinse in Filmlaufrichtung verschiebt sich der Bildpunkt P nach P′. Man erhält den Punkt P′, indem man die optische Achse der Ausgleichlinse in Stellung L′ mit der Brennebene der Ausgleichlinse zum Schnitt bringt und den Schnittpunkt mit dem Hauptpunkt der Ausgleichlinse in Stellung L verbindet. Die Verbindungsgerade schneidet die Filmebene in P′. Der Abstand PP′ ist mit *a* bezeichnet. Er entspricht der Wanderung des Bildpunktes in der Filmebene, wenn sich die optische Achse der Ausgleichlinse um *d* weiterbewegt. Während die Ausgleichlinse den Weg *d* zurücklegt, bewegt sich also der Bildpunkt um die Strecke *a*. Der optische Ausgleich wird erfüllt, wenn sich Linsengeschwindigkeit v_L zu Filmgeschwindigkeit v_F wie *d* zu *a* verhalten.

$$\frac{v_L}{v_F} = \frac{d}{a}$$

Aus dem optisch-geometrischen Strahlengang kann man ablesen:

$$\frac{d}{a} = \frac{f_L}{b}$$

daher ist:

$$\frac{v_L}{v_F} = \frac{f_L}{b}$$

Die geometrisch-optischen und die mechanischen Daten für den optischen Ausgleich mit Linsenscheiben sind damit in ihrem Verhältnis zueinander festgelegt [20, 57].

Die Höhe der Aufnahmefrequenz ist durch die maximale Umfangsgeschwindigkeit der Linsenscheibe begrenzt. Man geht hiermit nicht über 250 m/s hinaus und arbeitet bei Normalfilm mit Filmgeschwindigkeiten von 20 m/s. Ist der Abstand Filmebene — Ausgleichlinse b = 20 mm, so kommt man zu einer Brennweite der Ausgleichlinse von f_L = 250 mm. Für derartige Brennweiten brauchen an die Qualität der Ausgleichlinsen keine großen Anforderungen gestellt zu werden.

Bei der angegebenen Filmgeschwindigkeit von 20 m/s und einer Scheibe mit 8 Linsen kommt man für 35-mm-Normalfilm auf eine Aufnahmefrequenz von etwa 1000 B/s, bei halber Bildhöhe und einer Linsenscheibe mit 16 Linsen auf 2000 B/s. Die durch die Umfangsgeschwindigkeit der Linsenscheibe bestimmte Belichtungszeit liegt hier bei 0,1 ms. Wesentlich höhere Aufnahmefrequenzen sind mit dieser Methode nicht möglich. Es sei aber darauf hingewiesen, daß bei derartigen Zeitdehnern durch Unterteilung des Bildfeldes in Höhe und Seite — d. h. durch Bildverkleinerung — und unter Verwendung von Schlitzscheiben anstelle der Linsenscheibe die Aufnahmefrequenz gesteigert werden kann [21]. Die Anordnung arbeitet dann als reine Schlitzblendenkamera. Mit stärkerer Bildverkleinerung sinkt dann aber auch der Informationsgehalt ganz erheblich.

Wie bei jedem optischen Ausgleich bleiben auch bei der Benutzung der rotierenden Linsenscheibe Restfehler bestehen. Ein Schlupf zwischen Bild- und Filmgeschwindigkeit tritt dadurch auf, daß der Film geradlinig geführt wird, während sich die Ausgleichlinse auf einem Kreisbogen bewegt. Dieser als Sehnenfehler bezeichnete Schlupf bedingt eine seitliche Verschiebung des Bildes während der Belichtung. Der Fehler ist der Sehnenhöhe des Bogens, auf dem die Linse sich bewegt, proportional. Er ist abhängig von der Bildhöhe, dem Radius des Linsenkranzes und dem Verhältnis von Umfangsgeschwindigkeit der Linsenscheibe zu Filmgeschwindigkeit. Die Größe des Fehlers ist proportional dem Quadrat der Bildhöhe, umgekehrt proportional dem Radius des Linsenkranzes und umgekehrt proportional dem Verhältnis v_L/v_F. Die Bildhöhe liegt mit dem Filmformat fest. Den Durchmesser der Linsenscheibe wählt man so groß wie möglich. Die zulässige Umfangsgeschwindigkeit setzt hier Grenzen. Mit einer Filmgeschwindigkeit von v_F = 20 m/s bleibt man weit unter der möglichen Höchstgrenze, um bei einer aus Sicherheitsgründen gewählten Umfangsgeschwindigkeit der Linsenscheibe entsprechend v_L = 200 m/s das Verhältnis von $v_L{:}v_F$ auf 10:1 zu bringen.

Optischer Ausgleich mit rotierendem Spiegelkranz

Eine andere Möglichkeit des optischen Ausgleichs besteht darin, vor dem Objektiv einen drehbaren Spiegel so anzuordnen, daß er den abbildenden Strahlengang dem kontinuierlich laufenden Film mit gleicher Geschwindigkeit nachführt. Um bei hohen Filmgeschwindigkeiten eine lückenlose kontinuier-

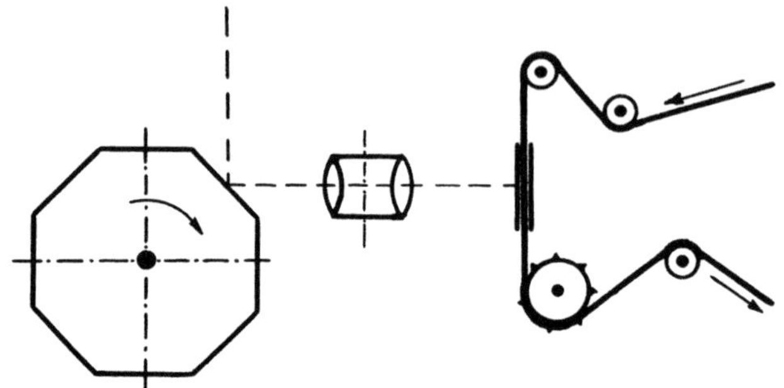

liche Bildfolge zu ermöglichen, wird eine Reihe von Spiegeln zu einem Vieleck zusammengefügt, wie es die Abb. 41 im Prinzip veranschaulicht. Je nach Lage der spiegelnden Flächen, die dem Drehpunkt des Polygons abgekehrt oder zugekehrt sein können, unterscheidet man Außenspiegel- und Innenspiegelkränze [87]. Der Innenspiegelkranz gestattet eine gedrängtere Bauart der Kamera [39, 40] und wird daher in der Zeitdehnerkamera für Normalfilm Pentazet 35 des VEB Pentacon verwendet. Durch das Innenspiegelpolygon ergibt sich eine dem konkaven Spiegel ähnliche Wirkung. Parallel auftreffende Strahlen werden in einer Art Brennpunkt vereinigt. In diesem Punkt wird das Aufnahmeobjektiv angeordnet, wie es die Abb. 42 zeigt. Der konvergente

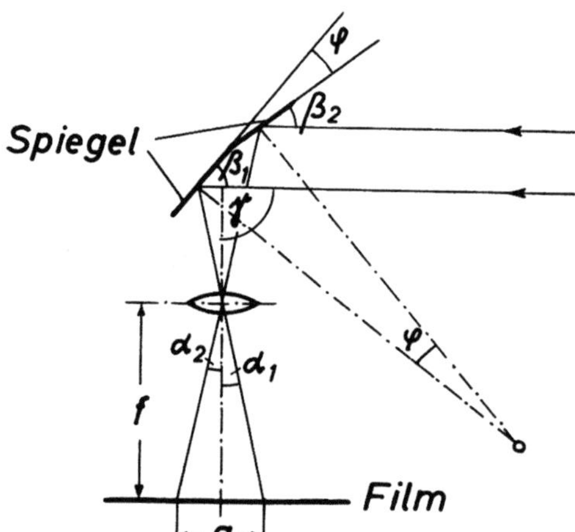

Abb. 42   Strahlengang beim optischen Ausgleich mit Innenspiegelkranz
Beschreibung im Text

Strahlengang nach der Reflexion am Innenspiegelkranz erlaubt eine vollkommenere Erfassung des Lichtes durch das Objektiv als beim divergenten Strahlengang über den Außenspiegelkranz. Der Strahlengang beim Innenspiegelkranz ist hier an zwei um eine Bildwanderung unterschiedlichen Spiegellagen dargestellt. Die Brennweite des Objektivs ist f, die Bildwanderung (Filmwanderung) entspricht dem Abstand zweier Filmbilder a. Die Größe der Bildwanderung beträgt:

$$a = f \, (tg \, \alpha_1 + tg \, \alpha_2)$$

Die parallel einfallenden Strahlen bilden mit der Objektivachse den Winkel γ. Es bestehen folgende Winkelbeziehungen:

$$\alpha_1 = \gamma + 2\beta_1 - 180°$$
$$\alpha_2 = -\gamma - 2\beta_2 + 180°$$
$$\varphi = \beta_1 - \beta_2$$

Bei kleinen Werten kann man für $tg \, \alpha$ den Bogen α setzen. Dann ergibt sich für die Bildwanderung:

$$a \approx f \cdot (\alpha_1 + \alpha_2) = 2 \cdot f \cdot (\beta_1 - \beta_2) = 2 \cdot f \cdot \varphi$$

Bezeichnet man die Zahl der im Polygon benutzten Spiegel mit Z, dann ist der Winkel zwischen zwei Spiegeln:

$$\varphi = \frac{2\pi}{Z}$$

Damit ist die Brennweite f des Aufnahmeobjektivs allein durch die Zahl der Spiegel festgelegt:

$$f = \frac{a}{2\varphi} = \frac{a \cdot Z}{4\pi}$$

Z. B. ist bei der obengenannten Zeitdehnerkamera für Normalfilm mit einem Abstand je zweier Bilder von $a = 19$ mm und einer Spiegelzahl $Z = 30$ die Brennweite:

$$f = \frac{19 \cdot 30}{4\pi} = 45 \text{ mm}$$

Damit ist auch der Abstand des Objektivs von der Filmebene festgelegt. Die Anpassung an verschiedene Gegenstandsweiten erfolgt durch ein zweites Objektiv mit Zwischenabbildung, wobei zugleich auf dem Film wieder ein aufrechtes seitenrichtiges Bild des Objekts entsteht. Abb. 43 zeigt den prinzipiellen Aufbau einer Zeitdehnerkamera mit Innenspiegelkranz (PENTAZET 35). Das Objektiv O_1 bildet den Aufnahmegegenstand in der Zwischenabbildungsebene B ab. Von dort geht der Strahlengang über die Feldlinse C, den Spiegelkranz Sp und das Objektiv O_2 ($f = 45$ mm) auf den Film [92].
Auch bei diesem optischen Ausgleich bleibt ein Restfehler. Der Schlupf zwischen der Bild- und Filmbewegung ist um so größer, je größer der Winkel φ, d. h. der Winkel zwischen den einzelnen Spiegeln im Spiegelpolygon ist. Der

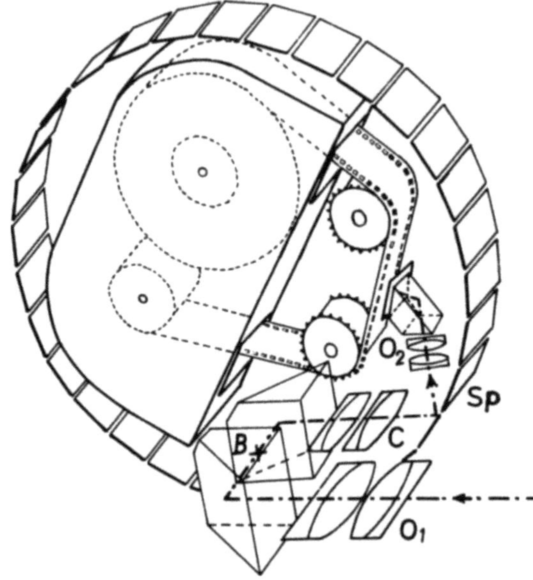

Abb. 43   Aufbau einer Zeitdehner-Kamera mit Innen-
spiegelkranz

O_1 *erstes Objekt (perspektivi-*
     scher Schnitt)
B   *Ort des Zwischenbildes*
C   *Feldlinse (perspektivischer*
     Schnitt)
Sp *Spiegelkranz*
O_2 *zweites Objektiv*

Abb. 44   Spiegel-
trommel mit 30 Spie-
geln

Fehler hat seine Ursache in dem Unterschied zwischen dem Tangens und dem Bogenwert des Winkels, der mit steigender Winkelgröße wächst. Er bleibt nur bei kleinen Winkeln in erträglichen Grenzen. Verbesserung kann eine entsprechend gekrümmte Filmbahn im Bildfenster oder die Einschaltung einer Zylinderlinse bringen. Im übrigen wählt man eine möglichst große Spiegelzahl für die Spiegeltrommel, um $\varphi = \dfrac{2\pi}{Z}$ klein zu halten. Die Umfangsgeschwindigkeit der Spiegeltrommel darf aber aus Sicherheitsgründen nicht zu hoch getrieben werden. In der oben erwähnten Ausführung werden für Aufnahmen mit vollem Normalfilmformat Spiegeltrommeln mit 30 Spiegeln (Abb 44), für Aufnahmen mit halbhohem Format mit 60 Spiegeln benutzt. Durch einen bilateral verstellbaren Schlitz vor dem Bildfenster kann die Punktbelichtungszeit verändert werden. Kleinere Schlitzbreite, d. h. kürzere Belichtungszeit, bedeutet auch kleineren Öffnungswinkel 2α des wirksamen Strahlengangs und damit Verringerung des Tangentenfehlers beim optischen Ausgleich. Gleichzeitig

Abb. 45 Äußere
Ansicht der Pentazet 35

wirkt sich aber auch der Schlitzblendeneffekt eines Nacheinanderbelichtens über die Bildhöhe deutlicher aus, so daß gegebenenfalls bei der Auswertung die bildstauchende oder bildlängende Verzerrung zu berücksichtigen ist.

Bei der hier geschilderten Zeitdehner-Ausführung erreicht man mit einer Filmgeschwindigkeit (35-mm-Normalfilm) von v_F = 38 m/s bei vollem Bildformat eine maximale Aufnahmefrequenz von 2000 B/s. Mit stufenweiser Höhenunterteilung des Bildfeldes durch Benutzung eines entsprechend unterteilten Spiegelkranzes erhält man im Höchstfall bei einem Kranz mit 120 Spiegeln und einem Bildformat von 4,5 mm × 22 mm eine maximale Aufnahmefrequenz von 8000 B/s für dieses längliche Format. Weiter geht man in der Höhenunterteilung nicht. Es gibt dann aber auch noch hierzu einen 5fach-Prismenvorsatz, der das Bildfeld zusätzlich in der Breite 5fach unterteilt, so daß man mit der Aufnahmefrequenz bei einem Bildformat von 4 mm × 4,5 mm auf maximal 40 000 B/s kommen kann [59]. Der Informationsgehalt sinkt entsprechend der Bildgröße.

Die äußere Ansicht einer Zeitdehner-Apparatur für 35-mm-Film mit rotierendem Innenspiegelkranz zeigt am Beispiel der Pentazet 35 die Abb. 45.

Optischer Ausgleich mit rotierendem Prisma

Das zur Zeit am meisten verwendete Prinzip des optischen Ausgleichs ist die Benutzung eines rotierenden Prismas in Form einer rotierenden planparallelen Platte im Strahlengang zwischen Objektiv und Film, wie es die Abb. 46 ver-

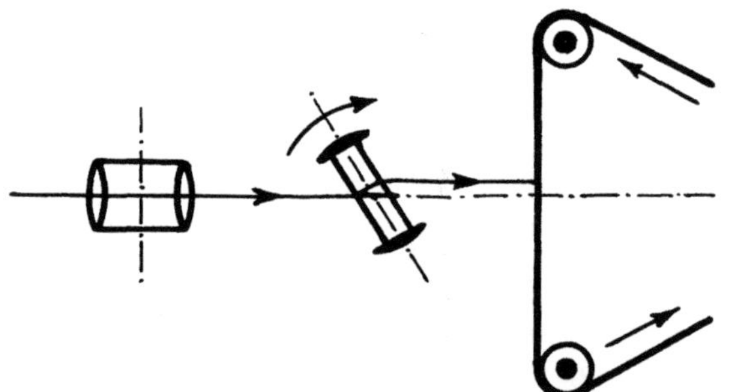

Abb. 46 Prinzip des optischen Ausgleichs mit planparalleler Platte

anschaulicht. Das Ausgleichsglied kann auch ein Würfel oder geradzahliges Polygonprisma sein, dessen Umdrehungsgeschwindigkeit der Filmgeschwindigkeit angepaßt sein muß. Der Fehler bei dieser Art des optischen Ausgleichs, d. h. der Unterschied zwischen Bild- und Filmgeschwindigkeit ist um so größer, je größer der Drehwinkel des Ausgleichsgliedes gegen die optische Achse ist. Betrachtet man die Verhältnisse einmal bei einem vierkantigen Prisma genauer [96, 45, 46], so ergibt sich folgendes:

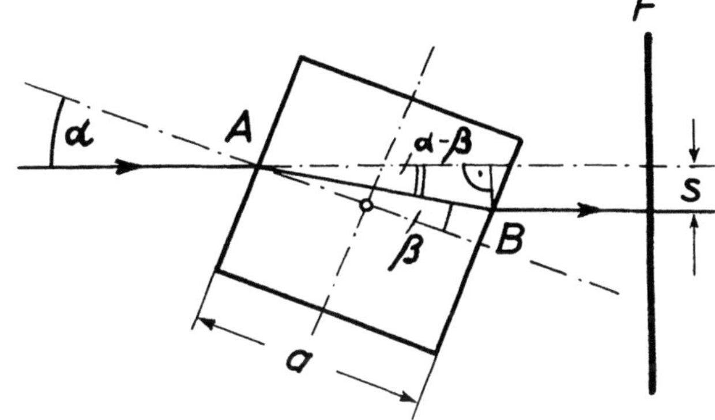

Abb. 47 Strahlengang beim Vierkant-Drehprisma

Beschreibung im Text

Auf ein Vierkant-Drehprisma mit der Kantenlänge *a* (Abb. 47) trifft ein Lichtstrahl des Abbildungsstrahlenganges in A auf, wird zum Einfallslot hin gebrochen und verläßt bei B das Drehprisma, nach dem Prinzip der planparallelen Platte parallel zum einfallenden Strahl verschoben. Der Einfallswinkel ist α, der Brechungswinkel β. Gegenüber der Prismenstellung $\alpha = 0°$ hat der Bildpunkt auf der Filmebene F den Weg *s* zurückgelegt. Es ist:

$$s = \overline{AB} \cdot \sin(\alpha-\beta) = a \frac{\sin(\alpha-\beta)}{\cos\beta} \quad , \text{da} \quad \overline{AB} = \frac{a}{\cos\beta}$$

Nach dem Brechungsgesetz ist $\sin\beta = \dfrac{\sin\alpha}{n}$, also

$$s = a \cdot \frac{\sin\alpha \cdot \cos\beta - \cos\alpha \cdot \sin\beta}{\cos\beta}$$

$$s = a \left(\sin\alpha - \frac{\cos\alpha \cdot \sin\beta}{\cos\beta} \right)$$

$$s = a \left(\sin\alpha - \frac{\cos\alpha \cdot \dfrac{\sin\alpha}{n}}{(1 - \sin^2\beta)^{1/2}} \right)$$

$$s = a \left(\sin\alpha - \frac{{}^1/_2 \cdot \sin 2\alpha \cdot \dfrac{1}{n}}{\dfrac{1}{n}(n^2 - \sin^2\alpha)^{1/2}} \right)$$

$$s = a \left(\sin\alpha - \frac{\sin 2\alpha}{2(n^2 - \sin^2\alpha)^{1/2}} \right)$$

$$\frac{ds}{da} = a \left(\cos \alpha \right.$$

$$- \frac{(n^2 - \sin^2 \alpha)^{1/2} \cdot 2 \cdot \cos 2\alpha - \sin 2\alpha \cdot \frac{1}{2} (n^2 - \sin^2 \alpha)^{-1/2} \cdot (-2 \sin \alpha \cdot \cos \alpha)}{2 \, (n^2 - \sin^2 \alpha)} \left. \right)$$

$$\frac{ds}{da} = a \left(\cos \alpha - \frac{1}{2} \cdot \frac{2 \, (n^2 - \sin^2 \alpha) \cos 2\,\alpha + \sin 2\,\alpha \cdot \sin \alpha \cdot \cos \alpha}{(n^2 - \sin^2 \alpha)^{3/2}} \right)$$

$$\frac{ds}{da} = a \left(\cos \alpha - \frac{4 \, (n^2 - \sin^2 \alpha) \cos 2\,\alpha + \sin^2 2\,\alpha}{4 \, (n^2 - \sin^2 \alpha)^{3/2}} \right)$$

Die Geschwindigkeit v des Bildpunktes in der Filmebene ist die Ableitung des Weges nach der Zeit:

$$v = \frac{ds}{dt} = a \left(\cos \alpha - \frac{4 \, (n^2 - \sin^2 \alpha) \cos 2\,\alpha + \sin^2 2\,\alpha}{4 \cdot (n^2 - \sin^2 \alpha)^{3/2}} \right) \cdot \frac{da}{dt}$$

Die Rotationsgeschwindigkeit (Winkelgeschwindigkeit) des Drehprismas ist konstant:

$$\frac{da}{dt} = \omega$$

$$v = a \left(\cos \alpha - \frac{4 \, (n^2 - \sin^2 \alpha) \cos 2\,\alpha + \sin^2 2\,\alpha}{4 \, (n^2 - \sin^2 \alpha)^{3/2}} \right) \cdot \omega$$

Bei einem exakten optischen Ausgleich müßte die Geschwindigkeit v für alle Werte von α gleich groß sein, denn dann würde sich in allen Prismenstellungen der Bildpunkt völlig synchron mit einem kontinuierlich laufenden Filmstreifen bewegen[1]. Rechnet man aber nach der obigen Gleichung die Ge-

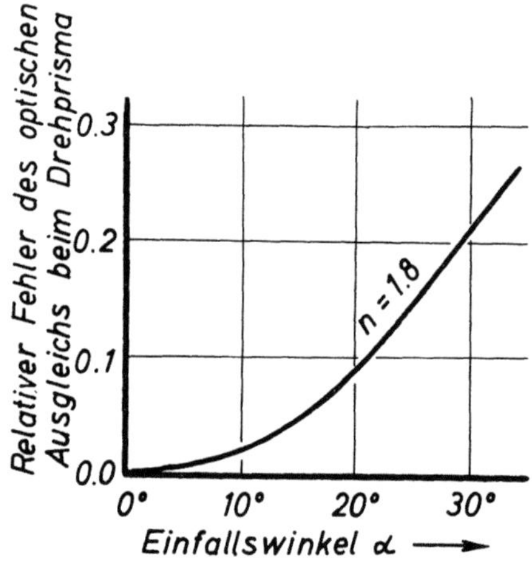

Abb. 48 Fehlerkurve des optischen Ausgleichs mit Drehprisma

---

[1] Die vorstehende Ableitung verdanke ich Herrn Dipl.-Math. B. Lier.

schwindigkeit v für verschiedene Werte von α aus, so ergibt sich daraus die in der Abb. 48 dargestellte Fehlerkurve. Der Fehler zwischen Bild- und Filmgeschwindigkeit wächst mit größer werdendem Einfallswinkel, weil die Bildpunktgeschwindigkeit mit größer werdendem Winkel α ansteigt. Bei $\alpha = 10°$ beträgt die Differenz etwa 2% gegenüber der Prismenstellung $\alpha = 0°$. Um diesen Fehler in Grenzen zu halten, beschränkt man die Bildbelichtung auf einen kleinen Drehwinkelbereich und bemüht sich, möglichst nicht über $\alpha = \pm 10°$ hinauszugehen. In gleicher Richtung bewegen sich auch die Fehler, die durch die verschiedenen Einfallswinkel der abbildenden Strahlen zustandekommen. In obigem Beispiel ist nur ein achsenparalleler Strahl betrachtet worden.

Um auch diese Bildfehler klein zu halten, strebt man den achsenparallelen Strahlengang an und arbeitet mit einem möglichst kleinen Öffnungswinkel [97]. Es wird z. B. empfohlen, bei einer 16-mm-Kamera mit Vierkant-Prisma das an der Objektivblende einstellbare Öffnungsverhältnis nicht über 1:5,6 hinausgehen zu lassen. Auch Farbfehler sind vom Einfallswinkel am Drehprisma abhängig.

Das vierkantige Drehprisma ist in einem Korb (Zylinder) eingebaut (Abb. 49), der vor den vier Seitenflächen des Prismas symmetrische Ausbrüche besitzt,

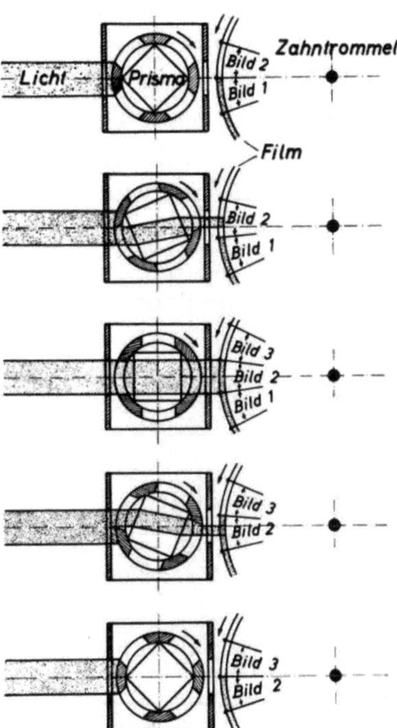

Abb. 49 Belichtungsvorgang beim eingebauten Vierkant-Drehprisma

so daß dessen Kanten abgedeckt sind und die Durchtrittsöffnungen den Strahlengang in dem gewünschten Winkelbereich begrenzen. Dieser Korb mit Drehprisma befindet sich in einem festen Gehäuse, das für den Strahlengang vorn und hinten bildfensterähnliche Öffnungen besitzt. An der Abb. 49 kann auch der Vorgang der Belichtung der einzelnen Filmbilder erklärt werden. Der Film läuft frei ohne Bildfenster an der Belichtungsstelle über die Zahntrommel. Der zylindrische Korb mit dem fest eingebauten Vierkant-Prisma wirkt mit seinen Lichtdurchtrittsöffnungen als Verschluß. Verfolgt man in den fünf abgebildeten Phasen den Strahlengang, so kann man erkennen, daß die Belichtung der einzelnen Filmbilder wie bei einem Schlitzverschluß erfolgt, der sich von der Bildmitte her öffnet und sich nach Belichtung des Bildes bis zum oberen und unteren Rand von den Bildrändern her wieder schließt. Darum ist bei dieser Art des optischen Ausgleichs die Belichtung über die gesamte Bildhöhe nicht ganz gleichmäßig. Man rechnet bei einem Vierkant-Drehprisma dieser Bauart in Bildmitte mit einer Punktbelichtungszeit $t_P \approx 1/3 \cdot t_W$ und an den Bildrändern mit $t_P \approx 1/5 \cdot t_W$. Im Film tritt daher nach den oberen und unteren Bildrändern hin ein erkennbarer Helligkeitsabfall auf. Bei Zweiflächen-Prismen ist dieser Helligkeitsabfall geringer.

Die Angabe einer exakten für die Filmschwärzung maßgebenden Belichtungszeit ist schwierig. Sie richtet sich nach den jeweiligen optischen Verhältnissen. Für eine Vorausberechnung der Filmschwärzung kann man mit einem effektiv wirksamen Drehwinkelbereich des Prismas α_{eff} rechnen. Dieser Begriff soll an der Abb. 50 für einen Punkt in Bildmitte veranschaulicht werden. Trägt man in Abhängigkeit vom Drehwinkel des Prismas α den relativ für die Belichtung wirksamen Anteil des Lichtstroms auf, so erhält man den in der Abb. 50 dargestellten Kurvenverlauf. Die Kurve hat im Bereich von $\alpha = 0°$ den höchsten Wert (voller Lichtstrom) und sinkt mit wachsendem positiven oder negativen Drehwinkel α ab. Die Grenzen (Lichtstromanteil 0) werden durch den maximal für die Belichtung noch wirksamen Winkel α_{max} gesetzt und sind bedingt durch

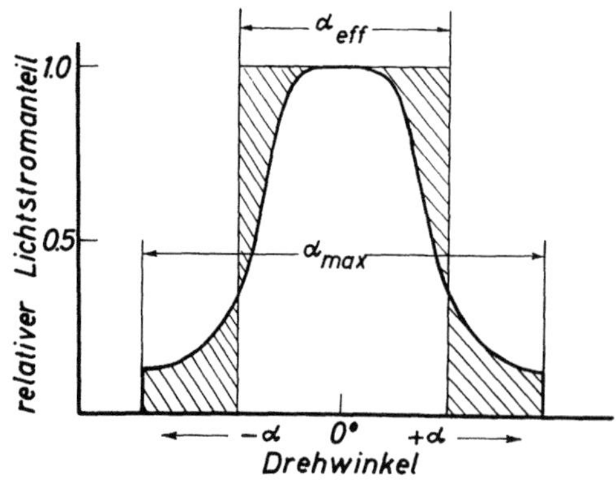

Abb. 50 Effektive Wirksamkeit der Belichtung für einzelne Bildpunkte

die Höhe der Ausbrüche am Prismenkorb (gegebenenfalls können auch noch
zusätzliche Schlitzblenden unterschiedlicher Höhe an der Lichtaustrittsöffnung
des festen Prismengehäuses eingeschoben werden). Diese Grenzwinkel $\pm \alpha_{max}$
legen also zusammen mit der Umdrehungsgeschwindigkeit des Prismas (bzw.
der entsprechenden Filmgeschwindigkeit) die Bildbelichtungszeit t_B fest. Zur
Ermittlung eines Effektivwertes des für die Schwärzung wirksamen Dreh-
winkelbereiches vom Prisma verwandelt man die Fläche unter der Kurve in
ein flächengleiches Rechteck mit der Höhe 1 und erhält als Grundlinie α_{eff}
(für einen Bildpunkt außerhalb der Bildmitte verschiebt sich das Maximum
der Kurve nach links oder rechts). Als Nutzungsgrad wird dann definiert:

$$\eta = \frac{\alpha_{eff}}{\alpha_{max}} \cdot 100 \ [\%]$$

Auf Grund solcher Berechnungen werden von den Geräteherstellern äquiva-
lente Belichtungszeiten für die Kameras in Tabellen angegeben.
Die maximal erreichbare Aufnahmefrequenz f_A ist beim optischen Ausgleich
mit Drehprisma von der höchstzulässigen Filmgeschwindigkeit ($v_F = 75$ m/s)
und von der dem Drehprisma zumutbaren Höchstdrehzahl abhängig. Bei
einem Glaswürfel als Drehprisma geht man aus Festigkeitsgründen und mit
Rücksicht auf die Belastung der Kugellager möglichst nicht über n = 2500 U/s
hinaus. Man erzielt daher mit einem vierseitigen Glasprisma für 16-mm-Film
als maximale Aufnahmefrequenz $f_A = 10\,000$ B/s und mit einem achtflächigen
Glasprisma für 8-mm-Film unter sonst gleichen Bedingungen $f_A = 20\,000$ B/s.
Bei Benutzung einer planparallelen Platte erreicht man bei 16-mm-Film Aufnahmefrequenzen bis $f_A = 6000$ B/s, bei 35-mm-Normalfilm $f_A = 2000$ B/s.
Abb. 51 zeigt schematisch den Aufbau und die Wirkungsweise einer Zeit-

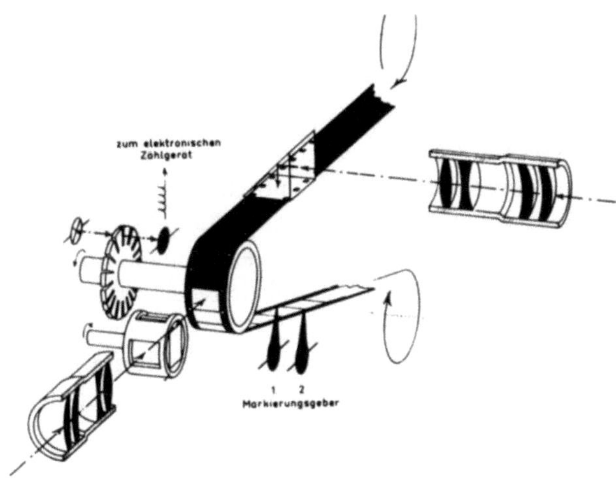

Abb. 51 Arbeitsweise der
Fastax-Kamera

dehnerkamera mit optischem Ausgleich über ein vierseitiges rotierendes Prisma. Der Film kommt von der Abwickelspule und läuft über die Transportrolle zur Aufwickelspule. Er wird belichtet über das Aufnahmeobjektiv durch das rotierende Prisma. Durch Abstimmung der Drehzahlen von Prisma und Transportrolle wird das Bild auf dem kontinuierlich laufenden Film mitgeführt. Bild und Film befinden sich relativ zueinander in Ruhe. In der Abb. 51 sind auch die beiden Zeitmarkengeber eingezeichnet. Über das seitlich eingezeichnete Objektiv können dann noch gleichzeitig andere Aufzeichnungen z. B. Oszillographenkurven in das Bildfeld des laufenden Films eingespiegelt werden. Die auf der Achse der Transportrolle sitzende Schlitzscheibe ermöglicht es, über Lampe und Photozelle Zähl- oder Zündimpulse synchron zu der Aufnahmefrequenz zu geben. Der in der Abb. 51 gezeigte Aufbau entspricht dem der Fastax-Kamera. Als Verschluß dient hierbei, wie vorher geschildert, der Prismenkorb mit seinen Ausbrüchen. Eine andere Verschlußmöglichkeit besteht in der Benutzung einer synchron laufenden Flügelblende, die an geeig-

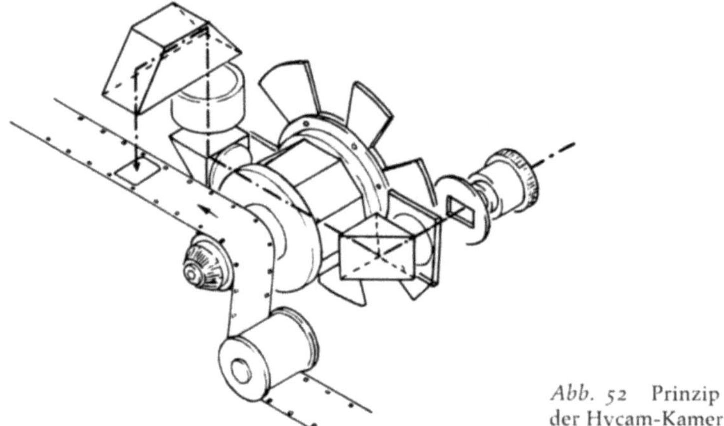

Abb. 52 Prinzip der Arbeitsweise der Hycam-Kamera

neter Stelle in den Strahlengang eingebaut wird, wie es in Abb. 52 am Schema des Hycam-Zeitdehners zu sehen ist.

Derartige Zeitdehner mit optischem Ausgleich über Drehprismen sind relativ einfach zu bedienen. Die Abb. 53 zeigt den inneren Aufbau einer Fastax-Kamera (16 mm) mit 30-m-Filmspulen für Aufnahmefrequenzen bis etwa 8000 B/s. Die Geschwindigkeitsregelung erfolgt über eine Spannungsregelung am Motor. Steuergeräte sorgen für eine vorgewählte Auslösung der Schaltvorgänge von Aufnahmebeleuchtung, Kameraanlauf, Vorgangsauslösung usw. in Abstimmung auf den aufzunehmenden Bewegungsablauf [43]. Den vollständigen Kameraaufbau mit allen Zusatzgeräten bei einer Forschungsfilmaufnahme zeigt die Abb. 54.

Abb. 53 Fastax-Kamera

Bei diesen Zeitdehnerkameras werden Filmlängen bis zu 120 m Schmalfilm (16 mm) benutzt, die von Spulen ablaufen, über eine Zahntrommel geführt und auf Spulen wieder aufgewickelt werden. Bildformat und Lage des Bildes auf dem Film entsprechen den Normen. Die Filme können in üblicher Weise

Abb. 54 Aufnahmeanordnung mit Fastax-Kamera

G Aufnahmegegenstand	*S Scheinwerfer*	*St Steuergerät*
K Kamera	*Z Zeitmarkengeber*	

maschinell entwickelt und kopiert werden. Die Kopien sind direkt vorführfähig. Aus diesem Grund und ihrer einfachen Handhabung wegen werden diese Filmkameras zur Zeit für mittlere Zeitdehnungen am meisten verwendet [98].

e) Verfahren für hohe Zeitdehnung

Die einem Filmband, das über Rollen und Zahntrommeln läuft, maximal zumutbare Geschwindigkeit beträgt $v_F = 75$ m/s. Damit und durch die Einzelbildhöhe ist die erreichbare Aufnahmefrequenz bei Benutzung kontinuierlich von Spule zu Spule laufender Filmbänder begrenzt. Sie beträgt z. B. für 16-mm-Schmalfilm ($h_F = 7{,}5$ mm) rd. 10 000 B/s. Will man darüber hinausgehende Aufnahmefrequenzen erreichen, dann kann der Film nicht mehr als loses Band transportiert werden, sondern muß fest auf einer Unterlage ruhen und mit dieser zusammen bewegt werden, wie es z. B. geschieht, wenn ein Stück Film auf eine Trommel gespannt wird, die dann rotiert. Der letzte Schritt zur Steigerung der Aufnahmefrequenz geht dahin, den Film überhaupt nicht mehr zu bewegen, sondern ihn in einer feststehenden Kassette mit Hilfe spezieller optischer oder auch elektro-optischer Anordnungen bildweise nacheinander zu belichten. Hiermit erreicht man die höchsten Bildfrequenzen, bei denen die Aufnahmen noch dem kinematographischen Prinzip genügen, d. h. mindestens 20 aufeinanderfolgende Phasenbilder umfassen, die bei der Filmprojektion als Bewegungsvorgang erkannt werden können. Alle für diese hohen kinematographischen Zeitdehnungen in Frage kommenden Aufnahmeverfahren lassen sich grundsätzlich nach drei Prinzipien ordnen: Trommel-Kamera, Drehspiegel-Kamera und Mehrfach-Funken-Kamera. Von der Funktion und Leistungsfähigkeit dieser Aufnahmeverfahren, die in der wissenschaftlichen Kinematographie bei der bildmäßigen Analyse extrem schnell verlaufender Bewegungsvorgänge eine große Rolle spielen, handeln die nächsten drei Abschnitte.

Trommelkamera

Legt man einen Filmstreifen außen um eine größere Trommel, so kann man mit deren Drehzahl bis zu einer Umfangsgeschwindigkeit von etwa 120 m/s, liegt der Film auf der Innenwand der Trommel bis etwa 250 m/s, in einem evakuierten Gehäuse bis 530 m/s gehen. Bei Außentrommeln erreicht man also Filmgeschwindigkeiten von $v_F = 120$ m/s und damit bei der Bildhöhe $h_F = 7{,}5$ mm des 16-mm-Schmalfilms eine maximale Aufnahmefrequenz von $f_A = 16\,000$ B/s. Am einfachsten ist es nun, die Punktbelichtungszeit so klein zu halten, daß keine störende Bewegungsunschärfe durch die Filmbewegung auftritt. Würde man z. B. eine Bewegungsunschärfe von $\delta_F = 0{,}012$ mm zulassen, dann müßte bei $v_F = 120$ m/s die Punktbelichtungszeit $t_P \leqq 0{,}1\ \mu$s sein. Das

ist mit rotierenden Schlitzblenden nur sehr schwer zu erreichen (der frühere AEG-Zeitdehner hatte eine Filmgeschwindigkeit von nur 20 m/s, s. Kap. IVd). Man benutzt daher für Aufnahmen mit Trommelkameras im allgemeinen lieber entsprechend gesteuerte Kurzzeitbeleuchtungen.
Abb. 55 zeigt am Beispiel der Strobodrum-Kamera [88] die herausgezogene Trommel mit dem aufgespannten Film (Außentrommel). Es wird hier 35-mm-

Abb. 55 Trommelkamera
mit herausgezogener Film-
trommel

Normalfilm benutzt. Der Trommelumfang beträgt 1,5 m. Über einen Spezialmotor erhält die Trommel eine zwischen 200 und 4200 U/min regelbare Drehzahl, die zur Bestimmung der Aufnahmefrequenz an einem Tachometer abgelesen werden kann. Bei der Normalausführung mit n = 3000 U/min beträgt die Filmgeschwindigkeit 75 m/s. Bei einer der Aufnahmefrequenz angepaßten Blitzbelichtung mit 0,5 μs Blitzdauer beträgt die durch den Filmlauf bedingte Bewegungsunschärfe $\delta_F = 0{,}038$ mm. Für derartige Beleuchtungseinrichtungen, die von der Filmaufnahme her gesteuerte Blitzserien hoher Lichtintensität abgeben müssen, sind spezielle Hochfrequenz-Blitzlampen erforderlich.
Die Verwendung von Blitzröhren ist bekanntlich auch in der allgemeinen Photographie üblich [16]. Die Energie dieser Röhrenblitze liegt in der Größenordnung von 100 Ws bei einer Leuchtzeit von etwa 1 ms. Die Wiederauflade-

zeit und damit der Blitzabstand beträgt einige Sekunden. Für die periodische
Kurzzeitbelichtung kinematographischer Aufnahmen hoher Zeitdehnung sind
aber nach den oben angegebenen Daten längere Blitzfolgen mit Blitzfrequenzen (und entsprechenden Wiederaufladezeiten) von etwa 20 000 Hz und
Leuchtzeiten in der Größenordnung von 1 μs erforderlich. Maßgebend für die
Erzielung dieser Werte sind zunächst die elektrischen Daten im Entladungskreis, Ladespannung, Kondensatorkapazität und Induktivität des Kreises.
Wichtig ist aber auch der innere Widerstand der Blitzröhre. Mitbestimmend
sind dafür Gasart, Gasdruck sowie Abstand, Form und Material der Elektroden. Hinzu kommt die Schwierigkeit, bei derartig hohen Blitzfrequenzen die
Gasstrecke zur Verhinderung der sofortigen Wiederzündung (Stehenbleiben
des Lichtbogens) zu entionisieren. Bis zu Frequenzen von etwa 500 Blitzen je
Sekunde besteht die Gefahr der vorzeitigen und selbsttätigen Wiederzündung
im allgemeinen nicht. Darüber hinaus müssen aber Maßnahmen ergriffen
werden, um die selbsttätige Wiederzündung zu verhindern. Hierzu ist die
Einschaltung einer Löschfunkenstrecke in Serie mit der Lichtfunken-Kammer
geeignet. Um zu den erforderlichen wesentlich kürzeren Entladungszeiten bei
den Hochfrequenz-Blitzlampen zu kommen, wählt man im Vergleich zur
Photo-Blitzröhre erheblich höhere Ladespannungen (z. B. 10 kV) und einen
höheren Gasdruck in der Entladungskammer (z. B. 4 atü), damit bei der Entladung eine schnellere Energieumsetzung erfolgt. Die Entladeenergie je Blitz
wird auf 1 bis 10 Ws reduziert. Kapazität, Induktivität und Widerstand im
Entladungskreis werden so dimensioniert, daß möglichst der aperiodische
Grenzfall erreicht wird und Oszillationen vermieden werden.
Aufbau und Arbeitsweise einer Hochfrequenz-Blitzlampe sollen am Beispiel

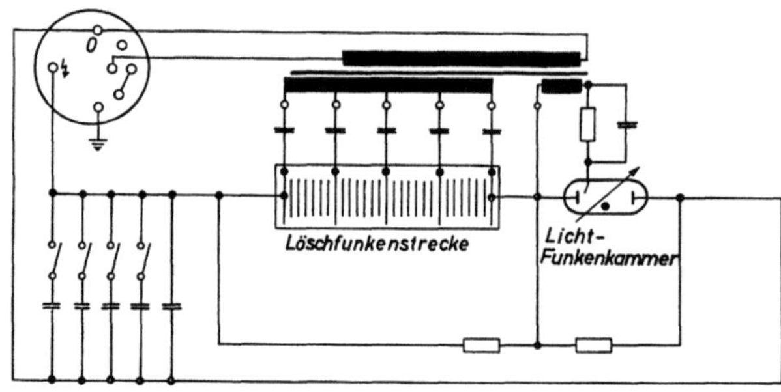

Abb. 56 Schaltung für den
Betrieb der Licht-Funken-
kammer einer Hochfrequenz-
Blitzleuchte

der Strobokin-Lampe erläutert werden [25, 26]. Abb. 56 zeigt deren Schaltung.
An einer Spannung von 6 bis 9 kV liegen fünf wahlweise über Hochspan-
nungsschalter einschaltbare Kondensatoren für die Speisung der Lampe. Über
den Zündtransformator und die mit ihm verbundenen Kondensatoren wird die
Löschfunkenstrecke gezündet. Sie besteht aus einer Anzahl von Kupferplat-

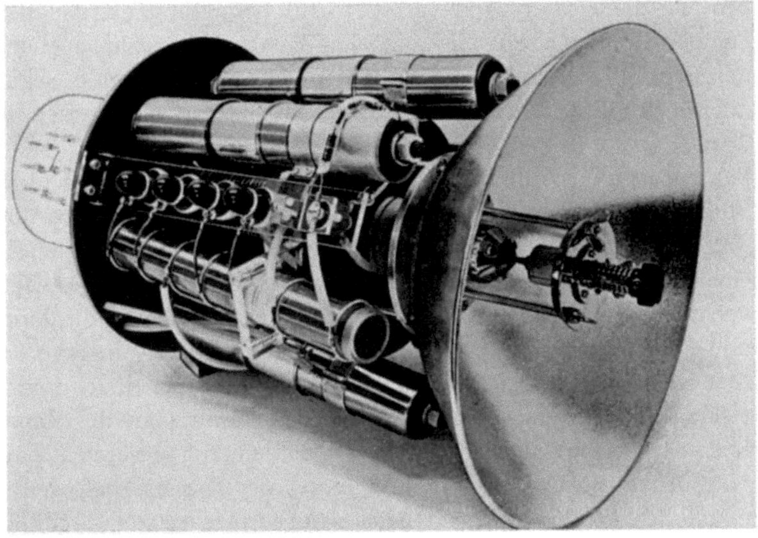

Abb. 57   Innerer Aufbau der Strobokin-Lampe
*Rechts Licht-Funkenkammer mit Reflektor. Links oben zwei Lampenkondensatoren, darunter
die Kopplungskondensatoren zur Löschfunkenstrecke. Dann folgt der zylinderförmige Zündtransformator und unten ein weiterer Lampenkondensator*

ten mit geringem Abstand in einer Kammer, die mit Wasserstoff von 1 atü
gefüllt ist. Eine zweite Wicklung des Zündtransformators mit einem RC-Glied
im Sekundärkreis gibt die Zündimpulse an die Lichtfunken-Kammer. In Abb.
57 ist der innere Aufbau der Strobokin-Lampe zu erkennen. Hinter der Lichtfunken-Kammer mit Reflektor sieht man links drei von den fünf Lampen-
Kondensatoren, in der Mitte die Kopplungskondensatoren zu der in der Lam-
penachse befindlichen Löschfunkenstrecke und darunter den zylinderförmigen
Zündtransformator. Im Brennpunkt des Parabol- oder Ellipsoidreflektors liegt
die für Reinigungs- und Justierzwecke demontable Lichtfunken-Kammer mit
durchsichtiger Wand. Es werden zylindrische oder schwach konische Wolfram-
elektroden mit einem Abstand der Elektrodenkuppen von 4 bis 7 mm je nach
Gasdruck benutzt. Als Füllgas dient Argon oder Xenon mit einem Druck von
2 bis 4 atü. Mit dieser Hochfrequenz-Blitzlampe erreicht man je nach Blitz-
frequenz (Grenze etwa 50 000 Blitze je Sekunde) Blitzenergien von 1 bis 10 Ws
je Blitz bei einer Leuchtdauer von etwa 1 μs. Die Begrenzung der Blitzserie
ist durch die thermische Belastbarkeit der Lampe bedingt, die mit 100° C
angegeben wird. Die Grenze der Gesamtenergie einer Blitzserie beträgt 50
kWs, d. h. man könnte z. B. eine Serie von 10 000 Blitzen bei 5 Ws je Blitz
erhalten.
Eine Weiterentwicklung zu noch kürzeren Leuchtdauern (Nanosekunden-Lam-

pen) ist die Fischer-Lampe [23]. Durch Benutzung extrem induktionsarmer Lampen-Kondensatoren in koaxialer Bauart mit speziellem Dielektrikum erhält man Blitzserien bis zu 500 Blitzen bei 10 000 Blitzen je Sekunde mit einer Energie je Blitz von 0,04 Ws und einer Halbwertsbreite der Blitzdauer von 26 ns.

Bei leuchtenden Aufnahmeobjekten kann die Bildtrennung nicht mehr durch Blitzbeleuchtung erreicht werden. Sie kann bei selbstleuchtenden oder auch mit Dauerlicht beleuchteten Gegenständen auf dem kontinuierlich, z. B. auf einer Trommel, laufenden Film mit Hilfe hochfrequent gesteuerter Kurzzeitverschlüsse vorgenommen werden. Die Kerrzelle bietet die Möglichkeit dazu und wird auch in der Praxis als photographischer Kameraverschluß benutzt. Man verwendet dabei die Doppelbrechung gewisser dielektrischer Medien im elektrischen Feld zur Hell- und Dunkelsteuerung an der Kamera [72]. Die Kerrzelle besteht aus einer in den Strahlengang gesetzten Küvette, die mit Nitrobenzol gefüllt ist. Vor und hinter der Küvette befinden sich Polarisationsfolien (Polarisator und Analysator) in gekreuzter Stellung, so daß der Lichtweg gesperrt ist. Erzeugt man nun durch einen Hochspannungsimpuls an zwei in der Küvette senkrecht zum Lichtweg stehenden Plattenelektroden ein elektrisches Feld, so erfolgt damit eine Drehung der Polarisationsebene, und das durch den Polarisator eintretende polarisierte Licht kann jetzt nach Drehung seiner Polarisationsrichtung auch durch den Analysator wieder austreten. Die Lichtsperre ist, solange das elektrische Feld besteht, aufgehoben. Die Zelle ist auf „Hell" gesteuert. Durch Absorption in den Polarisationsfolien und dem Dielektrikum entstehen Verluste bis zu 85%, und man rechnet bei Kerrzellen in Hell-Steuerung mit einem Durchlaßgrad von 15 bis 20%. Auch in Dunkel-Steuerung bei gekreuzten Polarisationsfolien ist der Lichtweg nicht vollkommen gesperrt. Wenn z. B. kurz vor oder nach den kinematographischen Aufnahmen dieser restliche Durchlaßgrad von etwa 0,01% in Dunkel-Schaltung stört, muß zusätzlich noch ein mechanischer Verschluß benutzt werden. Durch geeignete elektrische Schaltmaßnahmen können auf diese Weise bei technisch verwendbaren Kerrzellen z. B. 20 000 Verschlußöffnungen je Sekunde mit Öffnungszeiten von 0,1 μs erzielt werden. Die Größe der freien Durchtrittsöffnung einer mittleren Kerrzelle für kinematographische Aufnahmen beträgt 25 mm × 32 mm, die Steuerspannung 28 kV. Ein derartiger Kerrzellen-Verschluß [28] an einer Trommelkamera (vgl. Abb. 58) ist nun noch mit einer Hochfrequenz-Blitzlampe kombiniert worden, so daß aus der Leuchtzeit der Blitzlampe von 1 μs an der Stelle der Lichtspitze eine Belichtungszeit von etwa 0,1 μs durch die Hell-Steuerung der Kerrzelle herausgegriffen wird [29]. Aus der Schaltung in Abb. 59 kann die Funktion der Anordnung entnommen werden. Der Betrieb der Hochfrequenz-Blitzlampe entspricht der Schaltung nach Abb. 56 (S. 82). Vom Steuergerät wird gleichzeitig mit der

Abb. 58 Kerrzellen-Verschluß an einer Trommelkamera

Funkenblitz-Kammer — aber etwas verzögert — die Kerrzelle über einen zweiten Impulstransformator betätigt, um je nach gewünschter Aufnahmefrequenz an der Trommelkamera die Bildbelichtungen vorzunehmen. Diese Kombination wird unter der Bezeichnung Strobokin-Strobodrum-Strobokerr für die Forschung industriell gefertigt.

Neben der Kurzzeitbelichtung gibt es noch eine andere Möglichkeit, die größere Filmgeschwindigkeit in der Trommelkamera für eine Zeitdehner-Filmaufnahme auszunutzen. Man kann nämlich auch die Trommelkamera mit einem optischen Ausgleich kombinieren. In der Anordnung von Uyemura [94] wird dazu ein rotierendes Spiegelrad nach dem in Kap. IVd beschriebenen Prinzip in Zusammenwirken mit einem in einer rotierenden Trommel befindlichen Filmband benutzt. Abb. 60 zeigt den grundsätzlichen Aufbau. Auf einer mit

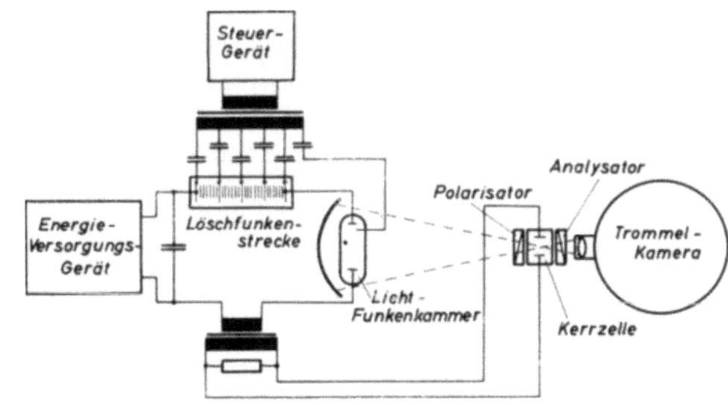

Abb. 59 Schaltung und Aufbau einer Anordnung mit Trommelkamera, Kerrzelle und Hochfrequenz-Blitzlampe

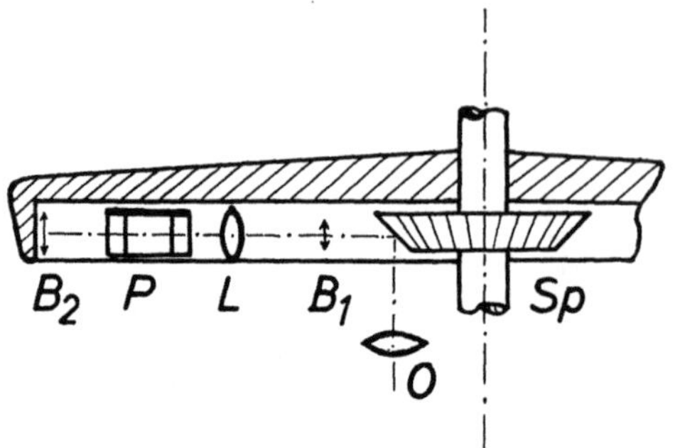

Abb. 60   Trommelkamera mit optischem Ausgleich nach dem Prinzip des rotierenden Spiegelrades
O Objektiv
Sp Spiegelrad
B_1 Lage des Zwischenbildes
L Zwischenobjektiv
P Prisma zur Umkehrung der Bewegungsrichtung des Bildes
B_2 Bild auf dem Film

der Trommel fest verbundenen Achse befindet sich ein 180flächiger Pyramidenstumpf Sp, dessen Seitenflächen verspiegelt sind. Von dem Objektiv O wird über die Spiegelflächen der Gegenstand in B_1 abgebildet. Von dieser Zwischenabbildung B_1 wird durch das feststehende Zwischenobjektiv L auf dem an der Innenwand der Trommel anliegenden Film ein Bild B_2 erzeugt. Abbildungsmaßstab, Geschwindigkeit des Spiegelrades und Trommeldrehzahl werden den Forderungen des optischen Ausgleichs entsprechend abgestimmt. Das in den Strahlengang eingeschaltete feste Prisma P kehrt die Bewegungsrichtung des Bildes um, das sonst wegen der Zwischenabbildung entgegengesetzt zur Bewegung der Trommel laufen würde. Diese Trommelkamera mit optischem Ausgleich über Spiegelrad wird für 16-mm-Schmalfilm gebaut und hat einen Trommel-Durchmesser von 470 mm. Bei einer Filmgeschwindigkeit auf der Innenwand der rotierenden Trommel im evakuierten Gehäuse von $v_F = 530$ m/s (!) kommt man auf eine Aufnahmefrequenz von $f_A = 70\,000$ B/s. Entsprechend der Spiegelzahl befinden sich auf dem 16-mm-Filmstreifen 180 Bilder im Format 7,5 mm $\times$ 10 mm. Der aufgenommene Film ist direkt kopierbar und dann vorführfähig.

Auch das Prinzip des optischen Ausgleichs mit rotierender Linsenscheibe wird mit der Trommelkamera kombiniert. Bei einer Kamera von Merlin-Gerin-Debuit [32] befindet sich hinter einem festen Objektiv in der Wandung einer rotierenden Trommel ein Kranz von Objektiven, die als Ausgleichslinsen wirken. Der Film liegt auf der Innenseite der Trommel. Die Abmessungen der Trommel und der Objektive sind so gewählt, daß die Bedingungsgleichung

für den optischen Ausgleich mittels rotierender Linsenscheibe $\dfrac{v_L}{v_F} = \dfrac{f_L}{b}$ erfüllt ist:

Das Verhältnis von Linsen- zu Filmgeschwindigkeit muß gleich dem Quotienten aus Brennweite der Linsen und Abstand Linse—Film sein (vgl. Kap. IVd, S. 66). Bei dieser Kamera mit einem 35-mm-Normalfilmstreifen von 1,9 m Länge werden drei Reihen von je 250 Objektiven benutzt, die in der Laufrichtung gegeneinander um $^1/_3$ des Bildabstands versetzt sind. Hier kommt man auf 100 000 B/s mit insgesamt 750 Bildern von 6,5 mm Durchmesser in drei Reihen gegeneinander versetzt. Ein Spalt vor der Linsentrommel sorgt dafür, daß jeweils immer nur ein Bild auf dem Film belichtet wird ($t_B = t_W$; Schardinscher Gütefaktor $g = 1$).

Den Übergang zum völlig ruhenden Film bildet die nach dem Prinzip einer Schlitzkamera arbeitende Marley-Kamera [41]. Sie ist für 100 000 B/s gebaut und in erster Linie für die Aufnahme stark selbstleuchtender Vorgänge (Explosionen) gedacht. Bei dieser Kamera erfolgen jedoch die Aufnahmen der Einzelbilder aus etwas verschiedenen Richtungen (Parallaxe). Der Film liegt auf der Innenseite einer feststehenden Trommel. Die Stirnwand der Trommel bildet eine feste Scheibe mit einem Kreis von 59 Objektiven, vor denen sich jeweils ein radialer fester Schlitz von 0,8 mm Breite befindet (effektive Öffnung der Anordnung 1:27). Hinter den Objektiven wird der Strahlengang über Spiegel zum Film auf der Innenwand der Trommel gelenkt. Vor der festen Schlitzscheibe dreht sich eine Scheibe mit 16 radialen Schlitzen von ebenfalls 0,8 mm Breite, die so angeordnet sind, daß bei der Drehung die festen Schlitze vor den Objektiven der Reihe nach freigegeben werden. Auf Grund der Abmessungen der Schlitzscheibe sind nach einer Drehung dieser Scheibe um 22,5° alle 59 Bilder belichtet.

Will man über eine Aufnahmefrequenz von $f_A \approx$ 100 000 B/s hinauskommen, so kann man nur noch mit ruhendem Film in einer festen Kassette arbeiten und muß die Trennung der Einzelbilder mit optischen Mitteln vornehmen.

Drehspiegel-Kamera

Das Prinzip der Drehspiegel-Kamera — wie es heute in den industriell hergestellten Kameras dieses Typs verwendet wird — wurde von Miller [51, 52] im Jahre 1939 entwickelt. Dabei wird der aufzunehmende Gegenstand zunächst auf einem rotierenden Spiegel und diese Zwischenabbildung dann bei Rotation des Strahlenganges über einen Kranz von feststehenden Sekundärobjektiven als Bildtrennungslinsen Bild neben Bild auf einem feststehenden Film abgebildet. Abb. 61 veranschaulicht das Prinzip. Der Gegenstand G wird von

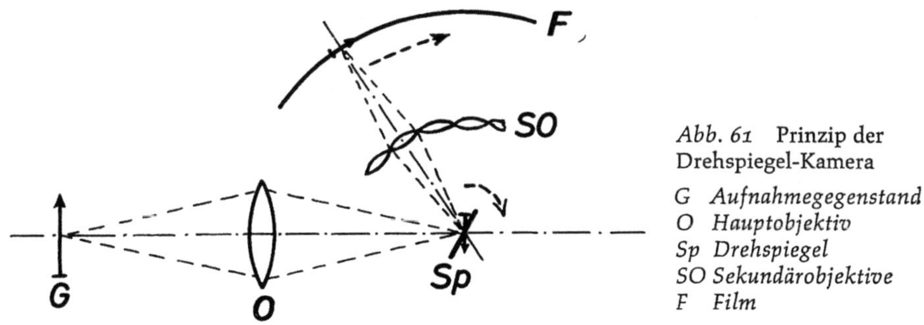

Abb. 61 Prinzip der Drehspiegel-Kamera

G *Aufnahmegegenstand*
O *Hauptobjektiv*
Sp *Drehspiegel*
SO *Sekundärobjektive*
F *Film*

dem Hauptobjektiv O auf der Oberfläche des Drehspiegels Sp abgebildet. Dieser rotiert mit einer je nach gewünschter Aufnahmefrequenz einstellbaren Drehzahl, wobei die von der Zwischenabbildung auf dem Spiegel ausgehenden Bildstrahlen über einen Kranz von fest nebeneinander liegenden Sekundärobjektiven SO streichen. Die einzelnen Sekundärobjektive erfassen nacheinander das vorbeistreichende von der Zwischenabbildung kommende Strahlenbündel und ergeben je Sekundärobjektiv ein festes Bild auf dem ruhenden Film F. Auf dem Film liegen dann nebeneinander so viele Phasenbilder von dem aufgenommenen Vorgang, wie Sekundärobjektive vorhanden sind. Um diese Bildtrennungslinsen (Sekundärobjektive) möglichst dicht nebeneinander anordnen zu können, damit bei günstiger optischer Ausnutzung auf kleinem Raum möglichst viele Phasenbilder untergebracht werden können, beschneidet man die runden Linsen seitlich und verwendet einen Kranz dicht nebeneinander liegender streifenförmiger Bildtrennungslinsen [9, 79]. Zur Einflußnahme auf die effektive Belichtungszeit werden auch in einigen Fällen verstellbare rechteckige oder rautenförmige Blenden an den Sekundärobjektiven benutzt, die dann natürlich auch das wirksame Öffnungsverhältnis beeinflussen.

Wichtig ist der Hinweis, daß nicht mehr als ein Umlauf aufgezeichnet werden darf, denn sonst würde ein mehrfaches Überschreiben erfolgen. Es muß also mit einer als Verschluß wirksamen Aufzeichnungsbegrenzung gearbeitet werden, deren Öffnungszeit einem oder einem Teil eines Umlaufs entspricht. Um sich ein Bild von der Größenordnung dieser Öffnungszeiten zu machen, überlege man, daß bei einer Aufnahmefrequenz von $f_A = 1\,000\,000$ B/s und einer Bildphasenzahl von 100 Bildern die Öffnungszeit des Verschlusses 1/10 000 s betragen müßte. Mechanische Verschlüsse üblicher Bauart kommen also nicht in Frage. Bei beleuchteten Objekten kann man Röhrenblitzlampen benutzen, die so betrieben werden, daß man als Lichtstrom-Zeit-Abhängigkeit eine Rechteckkurve anstrebt und die gesamte Leuchtzeit der Blitzröhre der Aufnahmedauer $t = B/f_A$ anpaßt. Bei selbstleuchtenden Objekten muß die Auslösung des Vorgangs mit der Aufzeichnung der Kamera gekoppelt und nach Ablauf der vorher berechneten Aufnahmezeit ein Schnellverschluß betätigt werden. Als solchen Schnellverschluß benutzt man in heute gebräuchlichen Kameras für hohe Zeitdehnung einen im Strahlengang befindlichen Glasblock zwischen durchsichtigen Kunststoffplatten [10], der durch eine Sprengladung im gegebenen Augenblick zerstört wird und solange hinreichend undurchlässig ist, bis ein gleichzeitig betätigter mechanischer Verschluß endgültig und sicher schließt. Die Auslösung des Sprengverschlusses erfolgt mit einer Genauigkeit von $\pm 1\ \mu$s. Die Verschlußzeit beträgt etwa 15 μs.

Eine derartige Drehspiegel-Kamera zeigt die Abb. 62 (Barr & Stroud Mod. CP 5 [69]). Links unten im Kameragehäuse sitzt der Sprengverschluß, rechts unten die evakuierbare Kammer für den Drehspiegel. Dem Drehspiegel gegen-

Abb. 62 Innenaufbau
einer Drehspiegel-
Kamera

O Hauptobjektiv
V Verschluß
Sp Drehspiegel
SO Sekundärobjektive
F Filmbahn

über — als äußerer Kreisquadrant — befindet sich die Filmbahn, in die etwa
1 m Normalfilm (35 mm) vor jeder Aufnahme eingezogen wird. Zwischen
Drehspiegel und Film liegt der Quadrant mit den Sekundärobjektiven (Bildtrennungslinsen). Dieser Sekundärobjektivkranz ist austauschbar je nach gewünschter Phasenbildzahl entsprechender Bildgröße (z. B. 117 Bilder mit
8 mm Durchmesser oder 59 Bilder mit 13,5 mm Durchmesser usw.). Der gesamte nutzbare Aufzeichnungswinkel beträgt 58°. Auf den restlichen 302°
findet keine Bildaufzeichnung statt. Das bedingt eine genaue Synchronisation
des aufzunehmenden Vorgangs mit der Spiegelstellung, damit der Bewegungsvorgang auch innerhalb der für die Aufzeichnung vorgesehenen 58° erfaßt
wird. Dazu wird von einem Lichtstrahl über Drehspiegel und Photovarviel-
facher etwa 7° vor Aufzeichnungsbeginn ein Impuls mit steiler Flanke gegeben, der über ein zwischen 1 bis 200 μs regelbares Verzögerungsrelais das
Ereignis auslöst [66]. Der zweiseitige Drehspiegel aus Stahl mit polierter Alu-
minium-Oberfläche von 27 mm Durchmesser wird von einer Luftturbine mit
3,5 at angetrieben und läuft in einem auf 5 Torr evakuierten Gehäuse mit
maximal 5500 U/s. Die Spiegeldrehzahl wird elektronisch gemessen, um dar-

aus die Bildaufnahmefrequenz berechnen zu können. Spreng- und zusätzlicher elektro-magnetischer Verschluß begrenzen die Aufzeichnungsdauer [55]. Mit dieser Zeitdehner-Kamera erreicht man bei 117 Phasenbildern von 8 mm Durchmesser eine Aufnahmefrequenz von 8 000 000 B/s. Die Bilder sind auf dem Filmstreifen in zwei Reihen gegeneinander versetzt angeordnet. Das effektive Öffnungsverhältnis der Kamera beträgt hierbei 1:16, die Bildbelichtungszeit 0,12 μs.

Aus dem Prinzip der Drehspiegel-Kamera ist zu entnehmen, daß die maximal erreichbare Aufnahmefrequenz mit der maximal erreichbaren Drehzahl des Spiegels zusammenhängt. Je höher die Spiegeldrehzahl, desto höher die Aufnahmefrequenz. Eine durch die hohe Spiegeldrehzahl bedingte Verformung oder gar Zerstörung des Spiegels setzt hier die Grenze [11]. Die Spiegelkörper bestehen aus Stahl, Titan oder Beryllium, haben rechteckigen (zweiseitige Spiegel) oder polygonen (mehrseitige Spiegel) Querschnitt und laufen in Speziallagerungen [3]. Untersuchungen an Spiegeln von 2,5 cm × 5 cm Größe haben ergeben, daß bei rechteckigen Spiegelkörpern 10 000 U/s, bei dreieckigen 18 000 U/s erreicht werden können, ohne daß ein Verziehen oder eine Formänderung der Spiegel auftritt [49]. Man geht in der Praxis mit derartigen Drehspiegeln bis zu einer Umfangsgeschwindigkeit von etwa 600 m/s, wobei ein gewisser Sicherheitsabstand zur Berstgeschwindigkeit eingehalten werden muß. Auch das Auflösungsvermögen der photographischen Abbildung wird von der Spiegeldrehzahl beeinflußt. Nach den gleichen Untersuchungen wie oben ergaben Drehspiegel im Vakuum bis zu den höchsten Drehzahlen das beste Auflösungsvermögen, während bei Drehspiegeln in Luft bereits ab 2000 U/s und in Helium ab 3000 U/s ein Absinken des Auflösungsvermögens zu verzeichnen ist. Über den Zusammenhang von Aufnahmefrequenz (Spiegeldrehzahl) und Auflösungsvermögen wurden von Schardin Angaben gemacht, die gleichzeitig die Grenzbedingungen für Drehspiegel-Kameras erfassen [74].

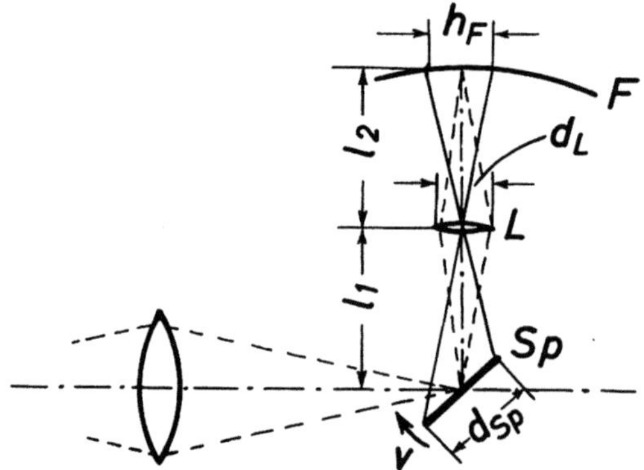

Abb. 63 Schardinsche Grenzbedingungen für Drehspiegel-Kameras

Beschreibung im Text

Die genannten Abhängigkeiten können aus den optisch-geometrischen Beziehungen der Drehspiegel-Kamera abgeleitet werden. Abb. 63 zeigt nochmals den prinzipiellen Aufbau wie in Abb. 61, wobei jetzt die für die Ableitung erforderlichen Größen eingetragen sind. L ist eine der Bildtrennungslinsen mit dem Durchmesser d_L aus dem Kranz der Sekundärobjektive. Der Durchmesser des Drehspiegels Sp mit der Umfangsgeschwindigkeit v ist d_{Sp}, die Höhe des einzelnen Filmbildes in Zeitrichtung h_F. Der Abstand zwischen Spiegel Sp und Bildtrennungslinse L ist l_1, der Abstand zwischen Bildtrennungslinse und Film F ist l_2. Bezeichnet man die durch Beugung und Brechung des Lichtes der Wellenlänge λ bei Abbildung des Gegenstandes durch die Bildtrennungslinse L hervorgerufene Unschärfe mit Δb, dann ist:

$$\Delta b = \frac{\lambda \cdot l_2}{d_L}$$

Diese Unschärfe entspricht dem reziproken Wert der Anzahl n der aufgelösten Einzellinien je Längeneinheit in der Abbildung auf dem Film ($n/2$ ist dann das Auflösungsvermögen in Doppellinien je mm).

$$\frac{1}{n} = \frac{\lambda \cdot l_2}{d_L}$$

Auf Grund der aus Abb. 63 hervorgehenden optisch-geometrischen Beziehungen ist:

$$\frac{{}^1/_2 \cdot \sqrt{2} \cdot d_{Sp}}{h_F} = \frac{l_1}{l_2}$$

(Die hier angenommene Spiegelstellung unter 45° zur Achse berücksichtigt mit einer Strahlenumlenkung von 90° den ungünstigsten Fall.)
Die Aufnahmefrequenz f_A ist durch die Geschwindigkeit gegeben, mit der der abbildende Strahlengang über den Kranz der Sekundärobjektive streicht. Die Winkelgeschwindigkeit der vom Spiegel reflektierten Strahlen ist doppelt so groß wie die Winkelgeschwindigkeit der Drehspiegel-Fläche. Dabei ist die Zahl der bei einem Umlauf belichteten Bilder von dem Durchmesser der Bildtrennungslinsen d_L abhängig. Die Aufnahmefrequenz bei einer Drehspiegel-Kamera ist also gleich der Zahl der Einzelbilder auf dem vollen Kreisumfang, multipliziert mit der doppelten Drehzahl des Spiegels.

$$f_A = \frac{2 \cdot \pi \cdot l_1}{d_L} \cdot \frac{2 \cdot v}{\pi \cdot {}^1/_2 \cdot \sqrt{2} \cdot d_{Sp}} = \frac{4 \cdot l_1 \cdot v}{d_L \cdot {}^1/_2 \cdot \sqrt{2} \cdot d_{Sp}}$$

Durch Einsetzen der oben abgeleiteten Formeln erhält man daraus:

$$f_A \cdot n \cdot h_F = \frac{4 \cdot v}{\lambda}$$

Bei gegebener Bildhöhe h_F ist also wegen der geringen Variationsmöglichkeit der Lichtart (Wellenlänge λ) das Produkt aus Aufnahmefrequenz f_A und Auflösungsvermögen n im Wesentlichen von der Umfangsgeschwindigkeit v des Drehspiegels abhängig. Je größer die Aufnahmefrequenz f_A in B/s, desto kleiner das Auflösungsvermögen in Einzellinien/mm und umgekehrt. Mit dieser Feststellung von Schardin sind die Grenzen der Leistungsfähigkeit einer Drehspiegel-Kamera aufgezeigt, wenn man davon ausgeht, daß die Umfangsgeschwindigkeit eines Drehspiegels mit v = 500 bis 600 m/s ebenfalls begrenzt ist. Rechnet man mit den zur Zeit gebräuchlichen oder voraussichtlich erreichbaren Werten von

$$h_F = 7,5 \text{ mm (16-mm-Schmalfilm)}$$
$$n\ \ = 50 \text{ (d. h. 25 Linienpaare/mm)}$$
$$v\ \ = 500 \text{ m/s}$$
$$\lambda\ \ = 500 \text{ nm}$$

so erreicht man mit einer Drehspiegel-Kamera eine Aufnahmefrequenz von:

$$f_A = \frac{4 \cdot v}{\lambda \cdot n \cdot h_F} = \frac{4 \cdot 500 \cdot 10^3}{500 \cdot 10^{-6} \cdot 50 \cdot 7,5} \approx 10\,000\,000 \text{ B/s}$$

Abb. 64 zeigt die Außenansicht einer Drehspiegel-Kamera (Beckman & Whitley, Mod. 189), die im prinzipiellen Aufbau der in Abb. 62 gezeigten Kamera ähnlich ist. Benutzt wird hier ein Kreissektor mit 25 rechteckigen Sekundärobjektiven als Bildtrennungslinsen, bei denen rautenförmige Blenden (um die Zentralstrahlen möglichst auszunutzen) zur einstellbaren Veränderung der Bildbelichtungszeit vorgesehen sind. Man erhält damit also 25 Phasenbilder, die bei der höchsten Aufnahmefrequenz 8,7 mm × 25,4 mm (auf 35-mm-Film) groß sind. Als Auflösungsvermögen in Zeitrichtung (dynamisches Auflösungsvermögen) wird je nach benutzbarer Blendenstellung an den Sekundärobjektiven ein Wert von 24 bis 34 Doppellinien/mm angegeben. Das effektive Öffnungsverhältnis beträgt 1:10,5. Der Drehspiegel besteht aus Titan und wird von einer Luft- oder Heliumturbine getrieben. Bei einer Spiegeldrehzahl von 5000 U/s erhält man 1 200 000 B/s, bei 10 000 U/s dementsprechend 2 400 000 B/s und bei 17 000 U/s als höchste Aufnahmefrequenz f_A = 4 080 000 B/s. Bei Benutzung der Standardblende an den Sekundärobjektiven beträgt die Bildbelichtungszeit etwa ¹/₃ des Reziprokwertes der Aufnahmefrequenz (t_B = ¹/₃ t_W, d. h. Schardinscher Gütefaktor g = 3). Bei kleineren Blenden an den Bildtrennungslinsen ist auch die Bildbelichtungszeit entsprechend kleiner, und man erreicht Gütezahlen bis g = 6. Die Fehler des optischen Ausgleichs bei Drehspiegel-Kameras sind gering. Die mit dem Kosinus des halben Drehwinkels proportionale Änderung der Bildhöhe beträgt etwa 0,1 %, dazu kommt

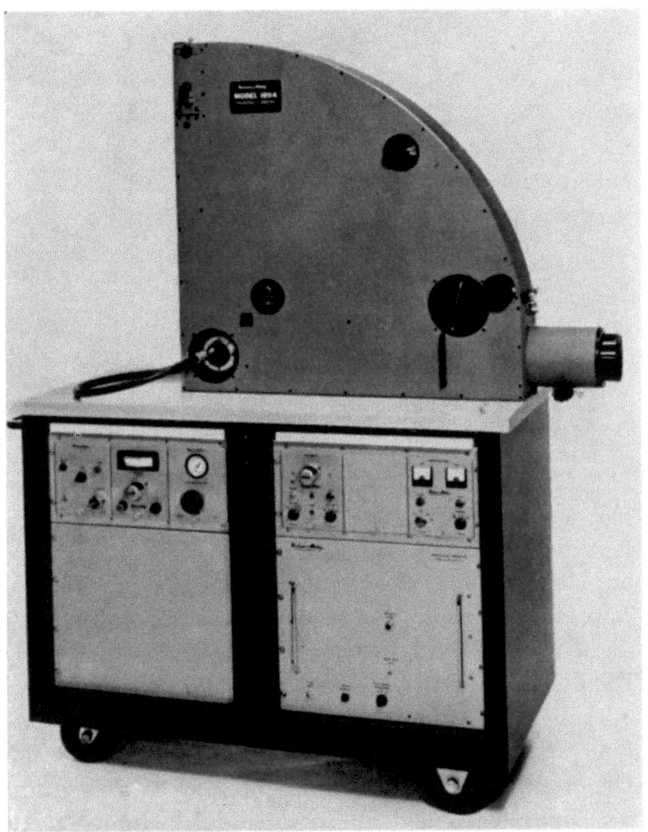

Abb. 64 Außenansicht einer Drehspiegel-Kamera

eine leichte Verschwenkung des Bildes, die durch den Abstand von Spiegel-
fläche und Drehachse des Spiegels gegeben ist. Eine äußerlich und im prinzipiellen Aufbau gleiche Drehspiegel-Kamera wie in Abb. 64 dargestellt gibt es
auch für insgesamt 120 Phasenbilder mit kleineren Einzelbildgrößen und entsprechend höheren Aufnahmefrequenzen (bis zu 20 300 000 B/s bei 3,2 mm ×
8,4 mm Bildgröße).
In diesem Zusammenhang soll auf eine andere Drehspiegel-Kamera hingewiesen werden, die in Abb. 65 dargestellt ist. Es ist eine Kombination von Bild-
und Streak-Kamera (Beckman & Whitley, Mod. 200), deren Arbeitsprinzip
aus Abb. 66 hervorgeht. Über einen halbdurchlässigen Spiegel Sp_1 wird in
dem einen Strahlengang vom Drehspiegel Sp_2 der durch eine Spaltblende begrenzte Vorgang ohne Einzelbildtrennung direkt aufgezeichnet (Streak-Prin-
zip [38, 69, 84]), während in dem anderen Strahlengang über die Spiegel Sp_3
und Sp_4 vom gleichen Vorgang zu gleicher Zeit nach dem Miller-Prinzip einer
Drehspiegel-Kamera eine Trennung in nebeneinander liegende Einzelbilder

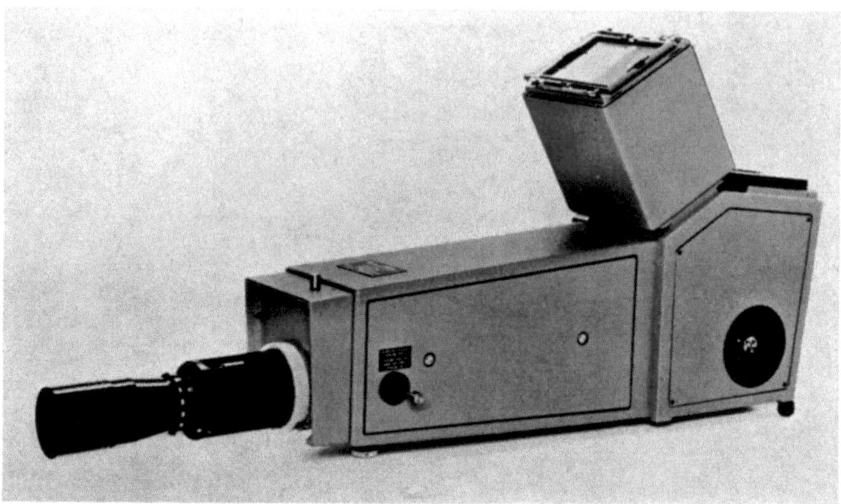

Abb. 65 Kombinierte Bild- und Streak-Kamera

auf ebenem Film vorgenommen wird. Der gleiche Vorgang kann damit synchron im Einzelbild und in der Streak-Aufzeichnung direkt miteinander verglichen werden. Für manche Forschungsuntersuchungen bringt das Vorteile. Die Phasenbildzahl bei dieser Kamera beträgt $B = 24$ bei einer Bildgröße von 5,9 mm × 12,7 mm und einer höchsten Aufnahmefrequenz von 7 840 000 B/s (entsprechende Schreibgeschwindigkeit der Streak-Aufzeichnung 27,6 mm/μs). Die erreichbare Zahl von Phasenbildern wird bei dem beschriebenen Prinzip der Drehspiegel-Kameras begrenzt durch eine volle Aufzeichnungsumdrehung und durch die gewählte Höhe der Einzelbilder in Zeitrichtung. Man ist bisher bei den industriell hergestellten Kameras mit der Bildzahl immer unter 200 geblieben. Deshalb soll ein russischer Vorschlag erwähnt werden [68], bei dem ein Standard-8-mm-Film von 30 m Länge in 15 Windungen wendelförmig in eine Trommel eingelegt wird, die während der Aufnahme synchron mit dem

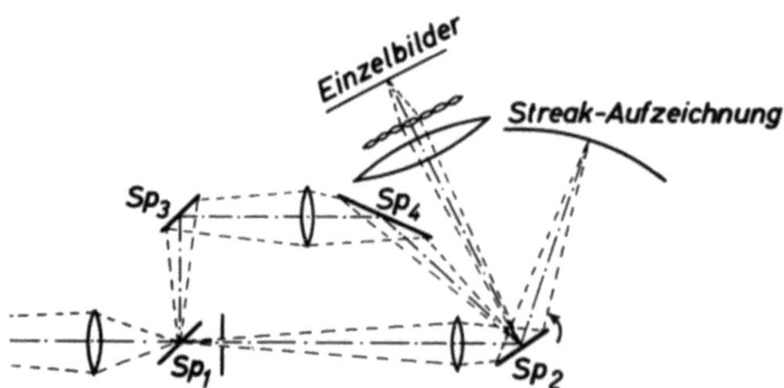

Abb. 66 Prinzip der kombinierten Bild- und Streak-Kamera

Drehspiegel in Richtung der Trommelachse so bewegt wird, daß eine kontinuierliche Bildaufzeichnung über die gesamte Filmlänge zustandekommt. Die Drehachse des Spiegels liegt dabei in der Wendelachse der Filmwindungen, und der Spiegel selbst ist mit seiner spiegelnden Fläche um 45° gegen diese Drehachse geneigt. Bei Benutzung von 500 Sekundärobjektiven erhält man damit 7500 Einzelbilder auf dem 8-mm-Film, die bei Benutzung eines Dove-Prismas zur Ausschaltung von Bilddrehungen direkt vorführ- und kopierbar sind.

Ein Nachteil der vorher näher beschriebenen Drehspiegel-Kameras besteht darin, daß die Bildaufzeichnung nicht pausenlos während einer vollen Aufzeichnungsumdrehung stattfindet, sondern nur auf einem bestimmten Sektorausschnitt des vollen Kreisbogens. Es entstehen dadurch bei der Spiegeldrehung für die Bildaufzeichnung Totzeiten, und der aufzunehmende Vorgang muß genau mit der Bildaufzeichnung synchronisiert werden, um den Vorgang auch auf dem Film zu erfassen. Diese Synchronisation ist nicht immer möglich. Deshalb wäre es günstiger, eine zu jeder Zeit aufnahmebereite Kamera (wartende Kamera) zu haben, die auf dem vollen Kreisumfang aufzeichnet [8, 76], wobei die Bildbelichtung bei einem beliebigen Phasenbild beginnt und der Verschluß dann nach einem vollen Durchlauf wieder schließt. Eine solche Kamera ist bereits gebaut worden [48]. Mit einem zweiseitigen Spiegel und geteiltem Strahlengang wurde dabei auf zwei Filmstreifen nacheinander der Vorgang über eine volle Umdrehung aufgezeichnet. Diese Kamera mit 80 Phasenbildern und einer größten Aufnahmefrequenz von $f_A = 1\,400\,000$ B/s war außerordentlich groß und sperrig und wog beinahe 1 t. Es wird jetzt nach einem ähnlichen Prinzip eine leichtere und daher transportable, stets aufnahmebereite (wartende) Kamera gebaut.

Das Arbeitsprinzip dieser Kamera (Beckman & Whitley, Mod. 300) zeigt Abb. 67. Der durch das Hauptobjektiv O einfallende Strahlengang wird an dem halbdurchlässigen Spiegel Sp_1 geteilt. Beide Strahlengänge werden dann über Umlenkspiegel, Feldlinsen und Bildfeldmasken zum 9seitigen Drehspiegel Sp_2 gelenkt, auf dem der Gegenstand auf zwei sich ungefähr gegenüberliegenden Spiegelflächen abgebildet wird. Dann werden diese beiden Zwischenabbildungen über umgelenkte Strahlengänge nach dem Millerschen Prinzip der Drehspiegel-Kamera nacheinander durch zwei getrennte Reihen von je 24 festen mit Austrittsblenden versehenen Sekundärobjekten $SO_1 \ldots SO_{24}$ und $SO_{25} \ldots SO_{48}$ in zwei Gruppen von je 24 Bildern $B_1 \ldots B_{24}$ und $B_{25} \ldots B_{48}$ auf dem Film endgültig abgebildet. Es entstehen also im ganzen 48 aufeinanderfolgende Phasenbilder mit einem zeitlichen Abstand, der durch die Drehzahl des 9seitigen Spiegels bestimmt wird. Ein Verschluß, eine Blitzbeleuchtung oder die Leuchtdauer des Vorgangs selbst muß den Aufnahmezyklus von 48 Bildern begrenzen und ein Überschreiben verhindern. Der Drehspiegel wird

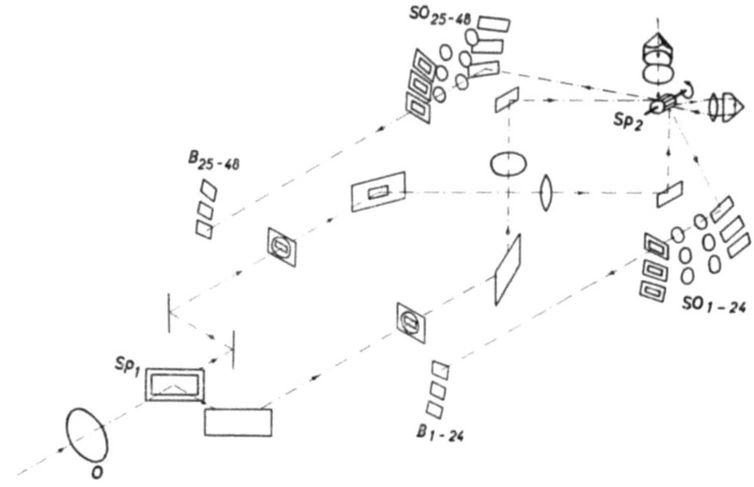

Abb. 67   Schema einer „wartenden" Drehspiegel-Kamera
Beschreibung im Text

von einer Helium-Turbine getrieben und befindet sich in einer Helium-Atmo-
sphäre. Seine höchste Drehzahl beträgt 10 400 U/s, und es wird damit eine
Aufnahmefrequenz von $f_A = 4\,500\,000$ B/s erreicht (bei Antrieb des Dreh-
spiegels mit einem Elektromotor kommt man mit 3500 U/s bis zu $f_A = 1\,500\,000$ B/s). Als Aufnahmematerial werden z. B. zwei Filmblätter der Größe
203 mm × 254 mm benutzt, die in zwei Kassetten links und rechts vom Haupt-
objektiv eingelegt werden und auf denen sich dann je 24 Phasenbilder mit den

Abb. 68   Außenansicht einer „wartenden" Drehspiegel-Kamera

Abmessungen 12,7 mm × 25,4 mm befinden. Den äußeren Aufbau der Kamera zeigt Abb. 68. Mit dieser Kamera kann ein Bildfrequenzbereich von 430 000 bis 4 500 000 B/s erfaßt werden bei einem effektiven Öffnungsverhältnis der Kamera von 1:47. Unter Benutzung der Standard-Austrittsblenden an den Sekundärobjektiven ist bei der höchsten Aufnahmefrequenz von 4 500 000 B/s die Bildbelichtungszeit t_B = 0,045 μs. Bei der entsprechenden Bildwechselzeit von 0,22 μs ist die Gütezahl der Zeitdehnerkinematographie bei dieser Kamera $g = 5$.

Mehrfach-Funkenapparatur

In der Einzelbildphotographie wurde schon früh der elektrische Funke als Kurzzeitbeleuchtung benutzt. Ein fliegendes Geschoß konnte z. B. auf diese Weise mit sehr geringer Bewegungsunschärfe auf einer Photoplatte abgebildet werden. Läßt man dabei den abzubildenden Gegenstand vor einem schwarzen Hindergrund vorbeifliegen, so kann mit einer Funkenserie, deren Frequenz auf seine Geschwindigkeit abgestimmt ist, eine Reihe von Phasenbildern auf der gleichen Photoplatte festgehalten werden. Wenn es gelänge, eine ausreichende Zahl solcher Phasenbilder in Einzelbilder zu trennen, so wäre damit bei entsprechend hoher Funkenfrequenz eine Zeitdehner-Kinematographie möglich [72]. In der Mehrfach-Funkenapparatur nach Cranz und Schardin ist diese Methode (1929) verwirklicht worden [13].
Ein Beleuchtungsfunken im freien Luftraum hat eine Leuchtdauer von ungefähr 0,1 × 10^{-6}s. Die Lichtausbeute ist dabei nicht sehr groß. Bei Entladungsenergien von einigen Ws ist sie etwa 1 lm/W. Eine Steigerung [84] kann durch Verwendung von Edelgasen wie Xenon, Krypton und Argon im Entladungsraum erreicht werden. Gegenüber Luft erzielt man hierbei etwa das 4- bis 5fache. Durch Steigerung des Gasdrucks sind weitere Erhöhungen möglich. Höhere Lichtausbeuten erzielt man ferner durch Vergrößerung der Funken-Schlagweiten, bei dem sogenannten Gleitfunken. Dabei liegt zwischen dem Überschlagsweg der beiden Elektroden, die jetzt einen 10- bis 100fachen Abstand gegenüber dem beim Schlagfunken haben, und einer metallischen Gleitelektrode ein Isolator (z. B. Glas) oder ein Halbleiter. Entlang dieser Gleitelektrode bildet sich zunächst eine Gleitentladung aus, wobei dann nach einem Aufbaustadium von etwa 1 × 10^{-6}s Dauer die eigentliche leuchtende Entladung zwischen den Hauptelektroden einsetzt. Mit dieser Erhöhung der Funkenschlagweite erreicht man in Edelgasen Lichtausbeuten bis zu 50 lm/W bei Arbeitsspannungen zwischen 10 und 50 kV. Die für die kurzzeitige Funkenentladung erforderliche Energie wird einem Kondensator entsprechender Kapazität entnommen. Die Entladungsenergie ist der Kapazität und dem Quadrat der Spannung proportional (1/2 CU^2). Die technischen Daten einer Funkenentladung sind also in erster Linie abhängig von Elektrodenform und

-beschaffenheit, von Gasart und Gasdruck, sowie vom Ohmschen Widerstand
und der Selbstinduktion im Entladungskreis.

Die Einstellbarkeit der Frequenz einer Funkenfolge wurde von Schardin ur-
sprünglich durch eine Art Laufzeit-Schaltung erreicht [73], wie sie in Abb. 69
dargestellt ist. Der Überschlag der einzelnen Beleuchtungsfunken Fu_1 ... Fu_n
wurde mit den durch die Daten der Schaltglieder bedingten Verzögerungen

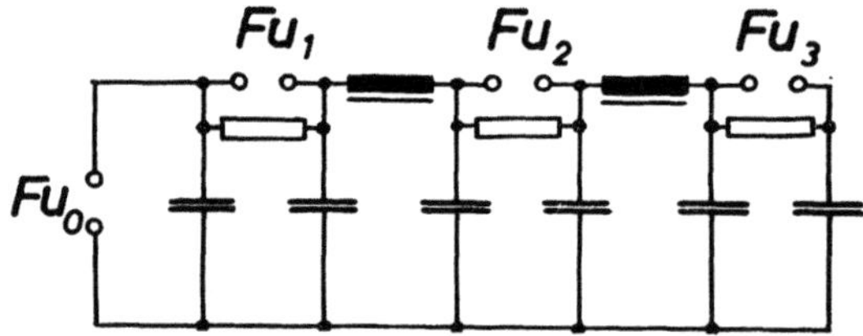

Abb. 69   Schaltung der Beleuchtungsfunken nach Schardin

vom Zündfunken Fu_0 ausgelöst. Die Zündungssteuerung der Beleuchtungsfunken erfolgt heute durch elektronisch erzeugte und gesteuerte Impulse [83].
Die Bildtrennung in der Mehrfach-Funkenapparatur nach Cranz-Schardin erfolgt nach einer Anordnung, deren Funktion die Abb. 70 verdeutlicht. Die
Beleuchtungsfunken Fu_1 ... Fu_n (es werden z. B. 24 getrennte Funkenstrecken
verwendet, die räumlich gleichmäßig über eine rechteckige Fläche verteilt sind)
werden von einem Beleuchtungsobjektiv O_{Fu} jeweils auf die freien Öffnungen

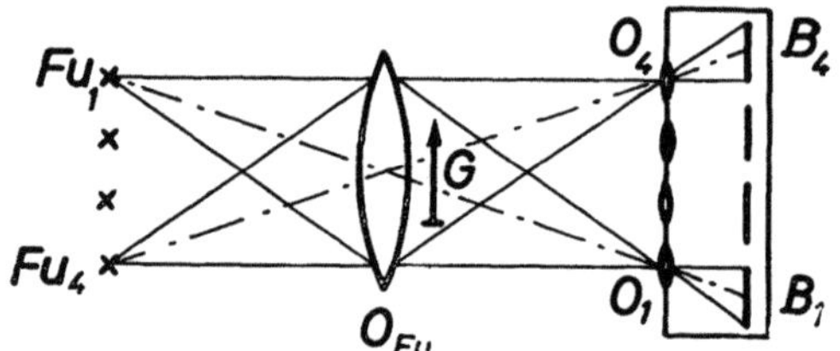

Abb. 70   Bildtrennung in der Mehrfach-Funkenapparatur nach Cranz-
Schardin

Fu   Funkenstrecken
O_{Fu} *Beleuchtungsobjektiv*
G   Gegenstand
O   Abbildungsobjektive
B   Bilder

der zu den Funkenstrecken geometrisch ähnlich angeordneten Abbildungsobjektive O_1 ... O_n abgebildet. Ein Gegenstand G, der sich hinter dem Beleuchtungsobjektiv befindet, wird dann jeweils von dem Abbildungsobjektiv
erfaßt, dessen zugeordneter Funke gerade aufleuchtet. So wird im Gegenlicht
der nacheinander überspringenden Funken der Gegenstand als Folge von
Schattenbildern in getrennt nebeneinander liegenden Phasenbildern B_1 ... B_n
auf einer Photoplatte oder einem Filmstreifen abgebildet. Die Aufnahmefrequenz entspricht der Funkenfrequenz. Die maximal erreichbare Aufnahmefrequenz (bei einem Gütegrad $g = 1$) entspricht also dabei dem reziproken
Wert der Leuchtdauer der Funken. Bei einer Funkenfolge in freier Luft mit
der oben genannten Leuchtdauer von $0,1 \times 10^{-6}$s könnte man also auf eine
Aufnahmefrequenz von $f_A = 10^7$ B/s kommen.

Der Gegenstand erscheint auf dem Film als Schattenbild in einer hellerleuchteten Kreisfläche, deren Größe durch die Öffnung des Beleuchtungsobjektivs O_{Fu} bestimmt wird. Es ist ein gewisser Nachteil, daß derartige Aufnahmen nur als Schattenaufnahmen im reinen Gegenlicht gemacht werden können. Dem steht jedoch gegenüber, daß die Bilder von einer ausgezeichneten photographischen Qualität sind, die auch in ihrer Größe trotz hoher Aufnahmefrequenzen nicht den Beschränkungen der anderen Zeitdehner-Verfahren unterliegen. Das Aufnahmeverfahren nach Cranz-Schardin ist daher besonders geeignet, wenn es auf eine gute Detailerkennbarkeit ankommt, wie z. B. bei Schlieren- und spannungsoptischen Aufnahmen im durchfallenden Licht. Es muß aber auch noch darauf hingewiesen werden, daß wegen der über eine Fläche verteilten Objektive die Bilder von etwas verschiedenen Standpunkten aus aufgenommen erscheinen. Dieser Parallaxenfehler kann bei der Auswertung der Aufnahmen nachträglich rechnerisch korrigiert werden. In einer für die Laufbildprojektion umkopierten Aufnahme macht er sich jedoch recht störend bemerkbar. Es ist deshalb der Vorschlag gemacht worden [19], mit Hilfe von Lichtleitstäben die Lichtpunktabstände der Funken bei kreisförmiger Anord-

Abb. 71 Die Beleuchtungsfunkenstrecken einer Mehrfach-Funkenapparatur

nung erheblich zu verkleinern und sie einem entsprechend angeordneten Kranz von Abbildungsobjektiven gegenüberzustellen, von denen aus dann die abbildenden Strahlengänge über Prismen rechtwinklig auf den in eine Trommel eingelegten Film umgelenkt werden. Der Parallaxenfehler wird dadurch wesentlich geringer.

Abb. 71 zeigt ein Gestell mit den 24 Funkenstrecken und den dazugehörigen Kondensatoren einer Mehrfach-Funkenapparatur nach Cranz-Schardin (PEK Electronic, Typ 3107). In Abb. 72 steht daneben das elektronische Netz- und Steuergerät mit Hochspannungserzeuger (Betriebsspannung 10 kV), den quarzgesteuerten Hochfrequenzerzeugern für wahlweise 50 kHz, 200 kHz und 1 MHz, dem Impulsverteiler für die 24 Kanäle und den dazugehörigen Verstärkern und Hilfsfunkenstrecken. Anstelle der eingebauten Hochfrequenzerzeuger für die Steuerung der Funkenfolge kann auch ein beliebiger Hochfrequenz-Generator von außen auf das Gerät geschaltet werden. Durch Handtaste oder durch einen von außen aufgeschalteten Impuls wird die Funkenfolge ausgelöst. Dieses Steuersignal gelangt über die Torstufe auf einen Ringzähler mit 24 Stufen, der dann Stufe für Stufe mit der gewählten Frequenz die Funkenstrecken einschaltet. Die maximale Frequenz bei dieser Apparatur beträgt 1 MHz, und damit ist die Aufnahmefrequenz begrenzt auf f_A = 1 000 000 B/s. Die Blitzeinrichtung besteht aus den Stoßtransformatoren, den Hilfsfunkenstrecken, den Blitzkondensatoren und den Hauptfunkenstrecken.

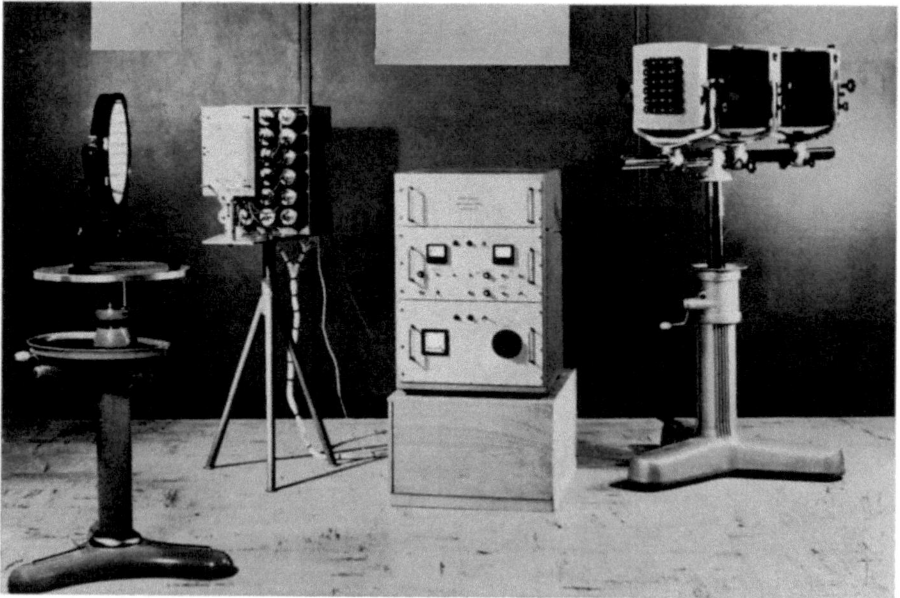

Abb. 72   Mehrfach-Funkenapparatur nach Cranz-Schardin

Die Funkenstrecken sind mit Spuren von Radiumpräparaten zur Vorionisierung ausgestattet. Die Funkendauer beträgt 0,3 μs, die Energie je Blitz 2,5 Ws.

Die dazugehörige Kamera (rechts auf der Abb. 72) ist die Sonderausführung einer Photokamera mit großer Auszuglänge. Der Objektivkopf trägt 24 Spezialobjektive mit f = 60 mm Brennweite. Wie links im Bild zu sehen ist, wird hier statt des Beleuchtungsobjektivs ein Hohlspiegel, z. B. als Schlierenspiegel benutzt, über den die im Hintergrund sichtbaren 24 Beleuchtungsfunkenstrecken auf die 24 Kameraobjektive abgebildet werden. Mit dieser Anordnung erhält man 24 Phasenbilder bis zu einer Einzelbildgröße von 40 mm × 40 mm.

Man kann die Anzahl der Phasenbilder bei einer Mehrfach-Funkenapparatur nach dem Cranz-Schardinschen Prinzip wesentlich erhöhen, wenn die Funkenfolge nach einem Durchlauf immer wieder neu gezündet und der Film hinter den Abbildungsobjektiven mit entsprechender Geschwindigkeit vorbeigezogen wird [82]. Dies ist in Abb. 73 veranschaulicht. Eine Reihe von z Beleuchtungs-

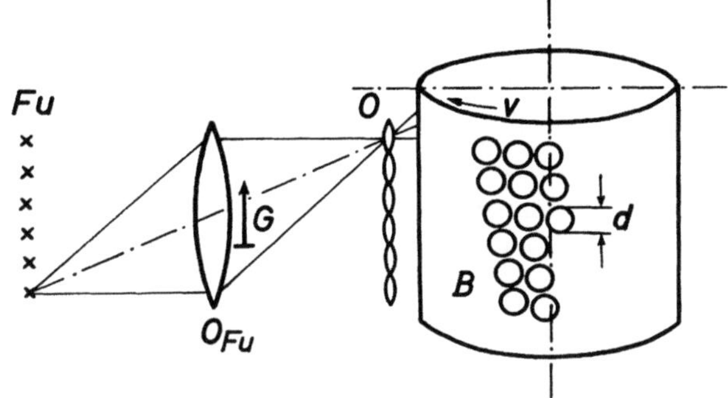

Abb. 73 Mehrfachfunken-Stroboskop mit Außenfilmtrommel

Fu Funkenstrecken
O_{Fu} Beleuchtungsobjektiv
G Gegenstand
O Abbildungsobjektive
B Bilder vom Durchmesser d auf einer mit der Geschwindigkeit v rotierenden Trommel

funken Fu wird über in Serie geschaltete Löschfunkenstrecken, die in 1×10^{-4}s wieder spannungsfest werden, mehrfach nacheinander gezündet und über das Beleuchtungsobjektiv O_{Fu} auf die Abbildungsobjektive O abgebildet. Von dem Gegenstand G hinter dem Beleuchtungsobjektiv erzeugt dann jeweils das gerade von einem Funken ausgeleuchtete Abbildungsobjektiv auf dem Film eine Abbildung im Gegenlicht. Der Film befindet sich auf einer rotierenden Trommel, deren Umfangsgeschwindigkeit v auf die Funkenfrequenz und den Bilddurchmesser d abgestimmt sein muß. Es entstehen dann über die Filmbreite gegeneinander versetzt entsprechend der Funkenfolge die einzelnen Phasenbilder. Die Aufnahmefrequenz ist dann:

$$f_A = \frac{z \cdot v}{d}$$

Mit einer Reihe von $z = 6$ Xenon-Beleuchtungsfunkenstrecken, einer Außenfilmtrommel mit einer Umfangsgeschwindigkeit von $v = 100$ m/s und einem
Bilddurchmesser von $d = 10$ mm kann eine Aufnahmefrequenz von $f_A =$
60 000 B/s erreicht werden. Die Anzahl der Phasenbilder ist durch die Länge
des Films, d. h. durch den Trommelumfang oder aber durch den Energie-
speicher für die Funken begrenzt.

Bildzerlegungs-Verfahren

Mit den in den letzten Abschnitten besprochenen kinematographischen Verfahren für hohe Zeitdehnung [22] kommt man bis zu Aufnahmefrequenzen
von etwa 10 000 000 B/s, d. h. bis zu 400 000fachen Zeitdehnungen. Das Kapitel soll mit einigen Hinweisen auf noch höhere Zeitdehnungen abgeschlossen
werden, die aber für die bildmäßige Kinematographie zu Forschungszwecken
nur in Einzelfällen von Interesse und wegen der sehr geringen Bildqualität
auch nur äußerst begrenzt auswertbar sind.
Um die Aufnahmefrequenz noch höher zu treiben, hat man Verfahren entwickelt, bei denen jedes aufzunehmende Bild in einzelne Bildelemente zerlegt
wird, die zeitlich nacheinander photographisch erfaßt werden und die nachher
auf optisch umgekehrten Weg wieder zum vollständigen Bild zusammengesetzt werden müssen. In der Literatur werden dafür Methoden genannt, die
sich im wesentlichen auf zwei Prinzipien zurückführen lassen.
Das Aufnahmefeld wird auf einem z. B. rechteckigem Bildfeld abgebildet, das
aus den Endflächen eines Bündels von Glasfäden besteht, deren dicht anein-
ander gepackte Querschnitte in einer Ebene liegen. Diese Glasfäden dienen als
Lichtleitstäbe und werden an ihrem anderen Ende alle in einer Linie nebeneinander angeordnet, so daß sie quer zur Laufrichtung einer Innenfilmtrom-
mel liegen. Diese Linie wird dann auf einem in der Trommel liegenden Film
abgebildet, die bei Rotation eine Art Streak-Aufnahme von den in einer Reihe
angeordneten Bildelementen macht. Im umgekehrten Strahlengang werden
dann nachher die Bildelemente wieder über die Glasfäden (Fiberoptiken) zum
rechteckigen Bild zusammengesetzt. Die Aufnahmefrequenz und das Auflösungsvermögen werden durch den Durchmesser der einzelnen Glasfäden und
durch die Drehzahl der Filmtrommel bestimmt [42].
Bei dem anderen Prinzip wird das Bild mit Hilfe eines Strichgitters gerastert
[93]. Möglichst dicht vor einer festen Photoplatte wird eine Platte mit z. B.
0,025 mm breiten durchsichtigen Streifen, die einen Abstand von 0,75 mm
haben, aufgestellt. Schiebt man dieses Gitter an der Photoplatte um 0,75 mm
vorbei, so können damit 30 voneinander unabhängige auf der Platte inein-
andergeschachtelte Bilder erzielt werden. Bei großer Geschwindigkeit des Gitters kann eine entsprechend hohe kinematographische Aufnahmefrequenz erzielt werden. Ein zweites Gitter dient als Verschluß und verhindert ein Über-

schreiben. Wegen der Beugung am Gitter und der Streuung in der photographischen Schicht kann die theoretisch mögliche Zahl von 30 Phasenbildern in der Praxis jedoch nicht erreicht werden. Eine Entschlüsselung der in der Aufnahme verschachtelten Bilder erfolgt durch Auflegen des gleichen Gitters und schrittweises Verschieben des Gitters um die Strichbreite.

Dieses Verfahren ist nun noch mit dem Prinzip der Drehspiegel-Kamera kombiniert worden [85]. Dabei wird das Strichgitter über den Drehspiegel einer Drehspiegel-Kamera optisch mit großer Geschwindigkeit bewegt, und man kommt so auf Aufnahmefrequenzen von $f_A = 100\,000\,000$ B/s. Wie vorher muß die Aufnahme mit einem Gitter gleicher Abmessungen entschlüsselt werden. Die durch die Gitterrasterung bedingte Bildqualität wird mit einem vergleichbaren Auflösungsvermögen von 3 Linienpaaren/mm angegeben. Man sieht daraus, daß von einer bildmäßig verwertbaren Kinematographie kaum noch die Rede sein kann.

V. Die Auswertung wissenschaftlicher Filme

Das Bestreben nach Verknüpfung von Anschauung und Messung hat einstmals zur Erfindung und Entwicklung des kinematographischen Prinzips für die wissenschaftliche Erforschung von Bewegungsvorgängen geführt. Bei der Auswertung von wissenschaftlichen Filmaufnahmen unterscheidet man daher hinsichtlich der Auswertmethoden eine qualitative (betrachtungsanalytische) und eine quantitative (meßtechnische) Methode oder eine Laufbild- und eine Einzelbild-Analyse [47]. Gleichgültig welcher Art die Auswertung ist, es handelt sich grundsätzlich immer um die Lösung eines Zeit-Weg-Problems, denn der Film bietet die Möglichkeit,

> die Änderung der Zeit von Bild zu Bild und
> die Änderung des Ortes von Bild zu Bild

durch Anschauung bei der Filmprojektion oder durch Messung an den Einzelbildern festzustellen.

Qualitative Auswertung

Die einfachste Auswertung ist die qualitative Analyse der Filmaufnahmen durch Betrachtung in der Projektion. Auch bei Zeitdehner-Filmaufnahmen, mit denen ein sehr schnell verlaufender Vorgang gedehnt, d. h. verlangsamt wiedergegeben wird, begnügt man sich häufig allein mit dieser Art der Auswertung, wenn die wiederholte Anschauung und das genauere Erkennen der Bewegungsvorgänge für die gewünschte Klärung ausreicht. Man nimmt an, daß 90 % aller technisch industriellen Forschungsaufnahmen nur qualitativ ausgewertet werden [58].

Voraussetzung für diese Art der Auswertung ist die richtige Wahl des Abbildungsmaßstabes und der für eine Veranschaulichung notwendigen Dehnungs- bzw. Raffungsmaßstäbe (Filmaufnahmefrequenzen). Der Abbildungsmaßstab soll so gewählt werden, daß der zu analysierende Bewegungsvorgang möglichst das ganze zur Verfügung stehende Bildfeld ausfüllt. Je größer die Abbildung, desto besser die Erkennbarkeit. Man wird daher häufig in den Bereich der Lupenaufnahmen kommen und lieber Teilausschnitte in mehreren Aufnahmen erfassen, als nur eine Übersichtsaufnahme mit geringerer Detailerkennbarkeit machen.

Bei der Wahl des Dehnungs- oder Raffungsmaßstabes geht man am einfachsten von der Zeit aus, die ein zu beobachtender Objektpunkt im natürlichen Bewegungsablauf braucht, und kalkuliert dann, in welcher Zeit dieser Vorgang mit Zeitdehnung oder Zeitraffung in der Filmprojektion mit 24 B/s betrachtet werden soll, um die erforderlichen Einzelheiten auch gut erkennen zu können. Dazu gehört eine gewisse Erfahrung, und die Aufstellung von Rezeptformeln nützen meistens wenig, weil in ihnen stets ein aus der Erfahrung zu wählender zunächst unbekannter Faktor für den „Schwierigkeitsgrad" der Bewegung oder für deren Erkennbarkeit einzukalkulieren ist. Für Zeitrafferaufnahmen werden daher auch häufig Probeaufnahmen zur Festlegung der endgültigen Aufnahmefrequenz durchgeführt.

Bei der qualitativen Auswertung in der Projektion werden Geschwindigkeitsunterschiede bis zu 20 % im dargestellten Bewegungsablauf nicht mit Sicherheit erkannt [38]. Die Auswertung durch Betrachtung in der Filmprojektion kann also nur einen anschaulichen Eindruck vom Bewegungsablauf, von störenden Faktoren und von äußerlich erkennbaren Fehlern beim Bewegungsablauf geben. Dabei ist es möglich, mit Spezialprojektoren für 16-mm-Film [100] die Filmaufnahmen nicht nur mit normaler und üblicher Vorführfrequenz von 24 B/s, sondern auch mit niedrigeren Vorführfrequenzen bis herunter zu 1 bis 3 B/s noch flimmerfrei vorzuführen. Braucht man aber bei diesen Zeit-Weg-Problemen neben der Anschauung auch Zahlen, um z. B. Geschwindigkeits- und Beschleunigungswerte oder Richtungsabweichungen und ähnliches genau festzulegen, wie sie für die Bearbeitung technischer Entwicklungsaufgaben in vielen Fällen notwendig sind, dann muß eine quantitative Auswertung vorgenommen werden.

Quantitative Auswertung

Bei der quantitativen Erfassung von Zeit-Weg-Problemen mit Hilfe des Films wird sich die Auswertung am Film auf eine Zeitmessung und eine dieser Zeit zugeordnete Orts- und Wegmessung erstrecken.

Jede Normalfilmkamera mit veränderbarer Aufnahmefrequenz besitzt ein Tachometer zur Einstellung und Kontrolle der für die Aufnahme gewünschten Bildfrequenz. Schmalfilmkameras haben häufig eine Gangschaltung, und man kann verschiedene Aufnahmefrequenzen in festen Stufen an der Kamera einstellen, die z. B. durch Fliehkraftregler während der Aufnahme einigermaßen konstant gehalten werden. Die Genauigkeit der Angabe dieser Bildwechselzeiten von etwa t_W = 1/16, 1/24 oder 1/64 s ist im allgemeinen nicht sehr groß und verändert sich auch im Laufe der Betriebszeit. Abweichungen von der Nennfrequenz 24 B/s bis zu ± 3 B/s sind keine Seltenheit. Für die qualitative Auswertung braucht eine solche Abweichung von ± 12,5 % nicht zu stören, da ohnehin in der Projektion die Geschwindigkeit des Vorgangs nur relativ zu anderen Bewegungen abgeschätzt wird. Für die quantitative Auswertung wird diese Genauigkeit aber nur selten ausreichen. Zumindest sollte man sich durch eine einfache Prüfung der Kamera, z. B. durch Betrachtung der Greifer-Bewegung mit einem Lichtblitzstroboskop, über die Größe der Abweichung Gewißheit verschaffen, bevor man die Angabe der Gangschaltung für eine Zeit-Auswertung benutzt.

Sicherer ist es, eine Uhr im Bildfeld mit aufzunehmen, wenn sie bei Forschungs- und Meßaufnahmen das Bild nicht stört. Die Gang- und Ablesegenauigkeit solcher Uhren ist unterschiedlich. Für Filmaufnahmen mit hinreichender Abbildungsqualität kann man als obere Grenze $\pm$ 1/100 s ansetzen, eine Toleranz, die bei normalfrequenten und gering zeitgedehnten Aufnahmen in sehr vielen Fällen ausreichend sein dürfte. Für die registrierende Auswertung solcher Aufnahmen mit Uhr ist der Vorschlag gemacht worden, eine vom Vorschub des Auswertgerätes gesteuerte gleiche Uhr wie im Bild zu benutzen, so daß man bei der Auswertung Bild für Bild nur immer auf die übereinstimmende Zeitangabe einzustellen braucht, um irgendwelche Schwankungen der Aufnahmefrequenz zu eliminieren und bei der Auswertung den richtigen Zeitmaßstab in einfacher Weise zu garantieren [91].

Bei hohen Genauigkeitsanforderungen müssen Zeitmarken über Zeitmarkengeber auf den Film oder besser den Filmrand mit konstanter Frequenz aufbelichtet werden (vgl. Kap. IVc). Auf dem auszuwertenden Teil des Filmstreifens wird eine Anzahl von Zeitmarken (zeitlicher Abstand zwischen zwei Marken auf dem Filmrand z. B. 10 ms oder 1 ms) ausgezählt und ins Verhältnis gesetzt zu der Anzahl der dazugehörigen Bilder, um daraus die Aufnahmefrequenz f_A in B/s oder die Bildwechselzeit $t_W = \dfrac{1}{f_A}$ in s für dieses Filmstück zu ermitteln. Dazu sind Hilfsinstrumente wie die in Abb. 74 gezeigte Zeitmarken-Auswertlehre für 16-mm-Film [62] entwickelt worden. Für eine beliebig gewählte ganze Zahl von Zeitmarkenabständen kann man damit die dazugehörige nicht ganze Zahl von Bildhöhen auf 1/100 Bildhöhe genau ablesen.

Die Zeitmarkengeber arbeiten mit Toleranzen, die in der Größe von 0,1 % und niedriger liegen. Bei der Auswertung der Zeitmarken kommt es besonders auf die genaue Erfassung der Kantenbegrenzung der einzelnen Zeitmarken an. Diese Kante wird aber wie alle auf dem Film abgebildeten Kanten von Objekten nur mehr oder weniger scharf begrenzt abgebildet sein, so daß hier die gleichen Probleme der Einstellgenauigkeit auftauchen wie bei der später zu besprechenden Auswertung der Wege einzelner Objektkanten oder -punkte. Die Genauigkeit der Zeitangabe (Bildwechselzeit) bei der Auswertung mit der abgebildeten Zeitmarkenauswertlehre für einen herausgegriffenen Teil von 10 aufeinanderfolgenden Bildern eines 16-mm-Films beträgt etwa $\pm$ 0,5 %. Diese Genauigkeit der Auswertung ändert sich mit der Qualität der photographischen Abbildung der Zeitmarke und der Einstell- und Ablesevorrichtung für die Zeitmarkenkante. Es können daher bei größerem Aufwand auch bessere Werte als der hier angegebene von $\pm$ 0,5 % erzielt werden.

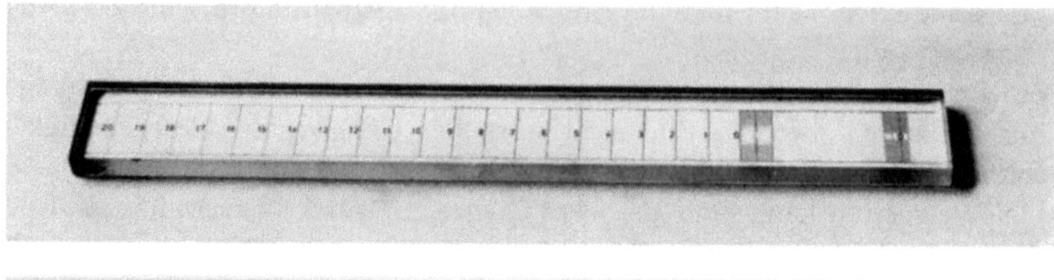

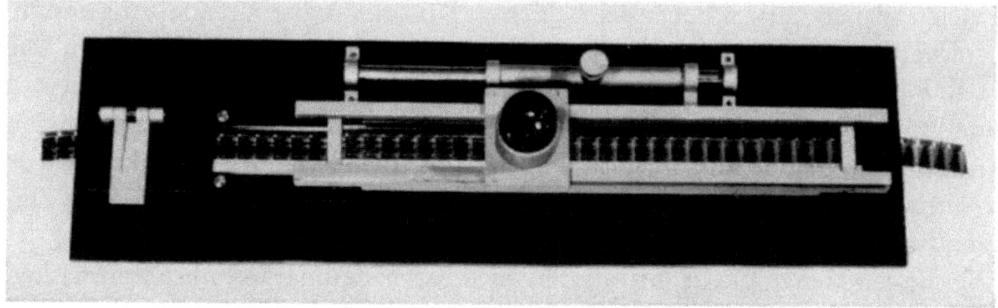

Abb. 74   Zeitmarken-Auswertlehre für 16-mm-Film

Die oben abgebildete Skala liegt in der Meßlehre, in die der Film eingelegt wird. Die Kante einer Zeitmarke muß dabei mit einem der Skalenstriche so zusammenfallen, daß eine der folgenden Zeitmarkenkanten in den Bereich der am Nullpunkt liegenden Feinteilung fällt. Diese kann dann mit der verschiebbaren Lupe genau abgelesen werden. Da die Skala nach Bildhöhen unterteilt ist, erhält man die Zahl der Einzelbilder, die auf die Anzahl der benutzten Zeitmarkenabstände entfällt.

Der Weg eines Bildpunktes, einer Kante oder irgendeiner Objektbegrenzung wird durch eine Differenzmessung zwischen den Lagen des betreffenden Punktes in zwei aufeinander folgenden Phasenbildern festgestellt. Dazu braucht man einen in allen Bildern festen Bezugspunkt, gegen den die Bewegung vermessen werden kann. Bei geringeren Genauigkeitsansprüchen werden dazu häufig die Bildränder, markierende Einschnitte am Bildfenster oder optisch eingespiegelte mit dem Kameragehäuse fest verbundene Marken benutzt. Alle Bildstandsfehler der Kamera gehen dabei aber als Fehler in die Messung ein.

Besser ist es deshalb, am aufzunehmenden Objekt oder im Aufnahmefeld in der Nähe des Objekts einen Festpunkt zu markieren, der dann genau wie der bewegte Punkt alle Bildstandsschwankungen des Films mitmacht und als Bezugspunkt im Bild relativ zum bewegten Punkt eindeutig fixiert bleibt. Abb. 75 zeigt solche markierten festen und bewegten Punkte bei meßkinematographisch erfaßten Auflaufversuchen von Eisenbahn-Güterwagen. Die beiden Festmarken sind vor dem Gleis im Boden fest verankert, die Bewegungsmarken etwa in der gleichen Bildfeldebene an Wagenachse und Wagenkasten angebracht. Die besondere Form der Marken ist mit Rücksicht auf eine gute Auswertbarkeit im photographischen Bild gewählt worden. Der Abstand der beiden Festmarken im Aufnahmefeld im Vergleich zum Abstand ihrer Abbildun-

gen im Filmbild legt den Abbildungsmaßstab fest. Wenn ohnehin die Phasenbilder in Einzelbildanalyse vermessen werden, vermeidet man es möglichst,
irgendwelche Meßlatten mit aufzunehmen, die den Bildeindruck stören. Bei
nur qualitativer Laufbildanalyse kann dagegen die Aufnahme eines Maßstabes
im Bildfeld zur groben Kennzeichnung von Bewegungsamplituden bei der Projektion dienlich sein.

Die einfachste Art der meßtechnischen Auswertung von Bewegungen einzelner
Bildpunkte oder von Veränderungen einer Flächengröße und Flächenform erfolgt durch Nachzeichnen des Projektionsbildes. Dazu braucht man Auswert-
projektoren mit Einzelbildschaltung, die es gestatten, nacheinander von den
einzelnen Phasenbildern Konturenzeichnungen auf Papier vorzunehmen.

Früher bauten sich Wissenschaftler oft aus alten Filmprojektoren selbst solche
Einrichtungen und paßten sie durch Sondervorrichtungen ihrem jeweiligen
Zweck in geeigneter Weise an [47, 60]. Heute gibt es industriell hergestellte
Geräte dieser Art, sowohl für Auflicht- wie für Durchlichtprojektion [58, 78],
die allen gemeinhin zu stellenden Forderungen genügen. Die Geräte erlauben
wahlweise Bildwechselfrequenzen vor- und rückwärts bis zu 24 B/s und können in Einzelbildschaltung mit vorgewähltem zeitlichen Abstand oder mit
Druckknopfschaltung zur Weiterschaltung Bild für Bild betrieben werden.
Bildzählwerke mit Vor- und Rückwärtsgang erleichtern die Wiederauffindung
bestimmter Phasenbilder. Wärmeschutzfilter und Luftkühlung sorgen dafür,
daß auch bei längerem Stillstand das einzelne Filmbild in der Planlage bleibt
und nicht austrocknet. Abb. 76 zeigt den Betrieb eines auf den Schreibtisch zu
stellenden Projektions-Auswertgerätes mit Spiegelvorsatz zur Konturennach-

Abb. 76 Projektionsaus-
wertgerät mit Spiegelvor-
satz für Film 16 mm

zeichnung auf Papier im Auflicht. Das Zeichenpapier, etwa in der Größe DIN
A 4, wird zweckmäßig auf einen Rahmen gespannt, der bei der Auswertung
leicht bewegt und Bild für Bild nach den Festmarken justiert werden kann.
Zahlenmäßige Angaben über die Genauigkeit dieser Auswertmethode sind nur
mit Einschränkungen zu machen, denn die Genauigkeit wird zwar auch durch
die Bildqualität und durch die Art und Güte der Projektion beeinträchtigt, aber
letzten Endes doch bestimmt durch die Zeichenungenauigkeit und deren Einfluß auf die Ablesung von Wegstrecken oder auf die Ausmessung von Flächen-
größen. Die Kalkulation der Zeichenungenauigkeit muß aber dem Einzelfall
überlassen bleiben. Fest steht, daß in den meisten Fällen, besonders der biolo-
gischen und medizinischen Forschung eine solche zeichnerische Auswertung
hinsichtlich der Toleranzgrenzen völlig ausreicht. Auch in der technischen und
industriellen Forschung wird sie vielfach genügen und nur in Fällen, bei denen
es für weitere Berechnungen auf eine möglichst exakte Zeit-Weg-Kurve ankommt, wird man zu Auswertmethoden greifen, die eine höhere Auswertgenauigkeit gewährleisten. Das ist z. B. dann der Fall, wenn durch Differen-
tiation der Zeit-Weg-Kurve Geschwindigkeit und Beschleunigung analytisch
oder graphisch ermittelt werden sollen, weil dabei die Fehler der Ausgangs-
kurve das Resultat stark beeinflussen. Testversuche haben ergeben, daß man
bei Anwendung einer kombinierten graphisch-analytischen Methode der Dif-
ferentiation von Zeit-Weg-Kurven aus hochfrequenz-kinematographischen
Aufnahmen die Fehlergrenze bei der Ermittlung der Beschleunigungswerte
auf unterhalb von 1 bis 2% halten kann [5]. Dazu sind dann aber für die
Messung am photographischen Phasenbild des Films Auswertgeräte größter
Genauigkeit erforderlich.

Abb. 77 Auswertgerät
für Film 16 und 35 mm
mit Datenaufzeichnung

Ein solches Auswertgerät, das in seiner Ablesegenauigkeit an ein übliches Meßmikroskop mit Kreuzschlitten herankommt, zeigt Abb. 77. Es besteht aus dem Projektionskopf, d. h. einer Film-Projektionseinrichtung für 16- oder 35-mm-Film und dem Betrachtungskasten als Unterbau mit einer Mattglasscheibe als Bildschirm für Projektion durch den Schirm hindurch. Mit manuell bewegbaren Fadenkreuzen oder Lichtpunktzeigern werden die Meßpunkte Bild für Bild erfaßt, und die eingestellten Koordinaten und Winkelwerte können dann an den Nonien der Handräder der Spindeltriebe und des Teilkreises abgelesen oder einschließlich der Bildnummer in einen Datendrucker gegeben werden [38, 58, 5]. Da diese Art von Auswertgeräten die genauesten Ergebnisse bei Einstellung auf Bildpunkte oder Bildkanten im Einzelbild üblicher meßkinematographischer Aufnahmen versprechen, sollen hier Zahlen über die Grenzen der Auswertgenauigkeit genannt und erläutert werden.
Bei der Betrachtung der Meßgenauigkeit muß man zunächst die Toleranz der mechanischen Spindeltriebe an den beweglichen Fadenkreuzen berücksichtigen. Diese Toleranz wird bei einer hier vorliegenden 10fachen Vergrößerung des Filmbildes mit $\pm$ 0,00125 mm bezogen auf das Filmbild angegeben [38]. Für die Einstellgenauigkeit der Fadenkreuze auf Linien und Kanten im Filmbild sind Schärfe und Kontrast maßgebend. Genauer ausgedrückt sind es:
    die Scharfeinstellung (subjektiver Einstellfehler bei der Aufnahme)
    die Bewegungsunschärfe (Bildpunktbewegung während der Belichtungs-
    zeit)
    das Auflösungsvermögen (sowohl des Photomaterials wie des optischen
    Systems)
    die Kontrastübergangsfunktion (Schwärzungsauslauf, z. B. an Kanten).

Bei der Ermittlung von Zahlenwerten für die Grenzen der Einstellgenauigkeit soll davon ausgegangen werden, daß

die Scharfeinstellung bei der Aufnahme optimal erfolgt ist,

die Bewegungsunschärfe so klein ist, daß sie unterhalb des Auflösungsvermögens vom Photomaterial liegt.

Unter dieser Voraussetzung bleiben also dann noch das Auflösungsvermögen und die Kontrastübergangsfunktion.

Im Hinblick auf das Auflösungsvermögen haben Testversuche [31] ergeben, daß man mit dem Fadenkreuz eine Linie von mittlerem Kontrast gegen den Hintergrund mit $\pm$ 1/20 ihrer Breite w auf Mitte genau einstellen kann. Bei der Ausmessung des Abstandes zweier solcher Linien wird als Genauigkeitstoleranz $\pm \dfrac{w}{20} \cdot \sqrt{2}$ angegeben. Das bedeutet für eine Zeitdehner-Aufnahme mit optischem Ausgleich bei einem Auflösungsvermögen des Filmbildes von 35 Linienpaaren je mm eine Einstelltoleranz von $\pm$ 0,001 mm. Addiert man die vorher erwähnte mechanische Toleranz der Spindeltriebe für die beiden Einstellungen von Fest- und Bewegungsmarke bei Abstandsmessungen, so erhält man einen maximalen Auswertfehler von insgesamt $\pm$ 0,0035 mm.

Wesentlich stärker kann der Einfluß der Kontrastübergangsfunktion auf die Einstellgenauigkeit sein. Diese Verflachung der Kontrastübergänge entsteht durch Lichtstreuung in der Schicht bei der Belichtung und durch Randeffekte bei der Entwicklung. Der Auswerter weiß dann nicht genau, an welcher Stelle des Schwärzungsübergangs einer abgebildeten Kante nun die wirkliche Kante mit dem Fadenkreuz zu lokalisieren ist. Es liegen Untersuchungsergebnisse

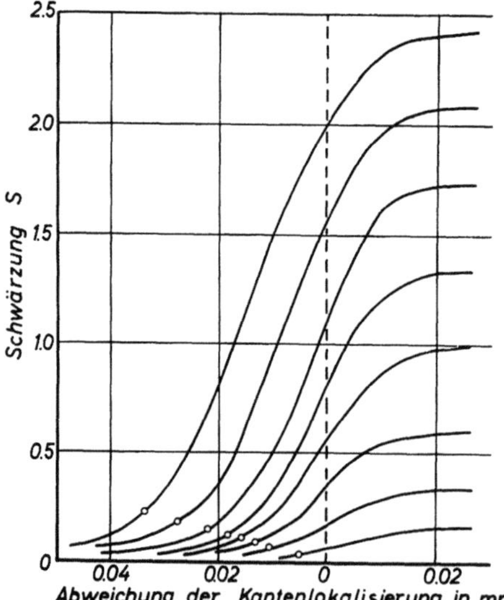

Abb. 78 Einfluß der Kontrastübergangsfunktion auf die Auswertgenauigkeit

vor über den Schwärzungsverlauf an einer abgebildeten Kante (Schneide) bei verschiedenen Belichtungen, in denen die „ausgewertete" Lage und die tatsächliche Lage der Kante gegenübergestellt sind [67]. In Abb. 78 gibt die gestrichelte senkrechte Linie die tatsächliche Lage der Kante an, während die Nullenkreise auf den verschiedenen Kontrastübergangsfunktionen die bei der Auswertung vermutete Lage kennzeichnen. Diese wird stets zu der geringeren Schwärzung hin verschoben vermutet. Die Abb. 78 zeigt, daß recht erhebliche Abweichungen bei der Kantenlokalisierung auftreten können. Die Größe solcher Meßabweichungen ist im Einzelfall schwer abzuschätzen.

Geht man bei der quantitativen Auswertung von Filmbildern von einer fehlerfreien optischen Abbildung aus und berücksichtigt bei Benutzung bester Auswertgeräte die vorher genannten Meßtoleranzen einschließlich eines nur geringen Einflusses der unterschiedlichen Kontrastübergangsfunktionen, so kommt man günstigenfalls auf Toleranzangaben von $\pm$ 0,005 mm bis $\pm$ 0,01 mm, bezogen auf das Filmbild, wie sie auch anderen Orts genannt werden [38]. Unter Einrechnung des Abbildungsmaßstabes bei der Filmaufnahme erhält man dann die Meßtoleranzen für die Bewegungsanalyse am Objekt selbst.

Einzelbildauswertungen und Messungen der beschriebenen Art sind sehr zeitraubend. Bei Reihenuntersuchungen aus einer größeren Anzahl von Versuchen dauert es lange, bis die Ergebnisse vorliegen. Es sind daher auch Vorschläge gemacht worden, die Auswertung bei vergleichbarer Genauigkeit durch Teilautomation zu beschleunigen. Ein Beispiel dafür ist der Meßkineautograph des Instituts für den Wissenschaftlichen Film Göttingen [61].

Die Auswertung wissenschaftlicher Filmaufnahmen kann — wie ausgeführt wurde — auf sehr verschiedene Weise vorgenommen werden. Neben der qualitativen Auswertung durch Projektion stehen die verschiedenen Methoden der quantitativen Auswertung durch Messung am Filmbild. Je nach Wahl der Auswertmethode können unterschiedliche Genauigkeiten für die Meßwerte erzielt werden. Für die Forschung bietet der Film, zumal mit Zeitraffung und Zeitdehnung, den großen Vorteil, Anschaubarkeit des natürlichen Bewegungsablaufs und Zahlenwerte z. B. in Kurvenform vom gleichen Bewegungsablauf nebeneinander zu haben, um Schlüsse auf Ursache und Wirkung zu ziehen.

Anhang

Formelzeichen der wissenschaftlichen Kinematographie

B Zahl der Phasenbilder

f Frequenz (bei optischen Fragen auch Brennweite)
-    f_A Bildwechselfrequenz bei der Aufnahme
-    f_W Bildwechselfrequenz bei der Wiedergabe
-    f_V Verschmelzungsfrequenz

t Zeit
-    t_{sch} Schaltzeit des Films
-    t_{st} Standzeit des Films
-    t_W Bildwechselzeit
-    t_P Punktbelichtungszeit
-    t_B Bildbelichtungszeit

T Gesamtzeit einer Schaltperiode

S_V Schaltverhältnis

s Weg
-    s_F Schaltschritt
-    s_Z Zusatzweg zum Schaltschritt

v Geschwindigkeit
-    v_F Filmgeschwindigkeit
-    v_{Sch} Geschwindigkeit der Schlitze einer rotierenden Schlitzscheibe
-    v_L Geschwindigkeit der Linsen einer rotierenden Linsenscheibe

h Höhe
-    h_A Höhe des Aufnahmefeldes
-    h_F Höhe des Filmbildes
-    h_S Höhe des Schirmbildes

b Breite
-    b_A Breite des Aufnahmefeldes
-    b_F Breite des Filmbildes
-    b_S Breite des Schirmbildes

A Fläche
-    A_F Fläche des Filmbildes
-    A_S Fläche des Schirmbildes

L Leuchtdichte

     L_0 Leuchtdichte der nackten Lampe

     L_S Bildschirm-Leuchtdichte

     l Leuchtdichtefaktor

Φ Lichtstrom

     Φ_0 Lichtstrom der nackten Lampe

     Φ_N Nutzlichtstrom (z. B. von Bildwerfern)

η_L Lichttechnischer Wirkungsgrad

H Belichtung

S Schwärzung

g Gütefaktor bei der Zeitdehner-Kinematographie (nach Schardin)

K Kenngröße bei der Zeitdehner-Kinematographie (nach Schardin)

δ Meßgenauigkeit für einen Bildpunkt im Filmbild

     δ_F Bewegungsunschärfe bezogen auf den Bildpunkt im Filmbild

Lichttechnische Einheiten

Lichtstärke:	cd	(Candela)
Lichtstrom:	lm	(Lumen)
Beleuchtungsstärke:	lx	(Lux) $= \mathrm{lm/m^2}$
Belichtung:	lx $\cdot$ s	(Luxsekunde)
Leuchtdichte:	sb	(Stilb) $= \mathrm{cd/cm^2}$
	asb	(Apostilb) $= \dfrac{1}{\pi \cdot 10^4}\,\mathrm{sb}$

Quellennachweis der Abbildungen

Fa. Arnold & Richter, München
Abb. 17 u. 21
Fa. Barr & Stroud, Glasgow/Schottland
Abb. 62
Fa. Beckmann & Whitley Europe, Baarn/Holland
Abb. 64, 65, 66*, 67* u. 68
Fa. Bosch Elektronik u. Photokino, Stuttgart-Untertürkheim
Abb. 8
Fa. Impulsphysik Dr.-Ing. Früngel, Hamburg-Rissen
Abb. 55, 56*, 57, 58, 59* u. 77
Institut für den Wissenschaftlichen Film, Göttingen
Abb. 23, 24, 28, 29, 30, 31, 32, 33, 35,

---

* mit Abwandlungen des Verfassers

37, 39, 53, 54, 74, 75 u. *76*
Fa. E. Kindervater, Berlin
Abb. 27
Fa. Paillard-Bolex, München
Abb. 20
Fa. PEK Electronic, Tettnang
Abb. 71 u. 72
VEB Pentacon, Dresden
Abb. 43*, 44 u. 45
Rudolph, J.: Zeitschrift Bild u. Ton 17 (1964), S. 163,
Henschelverlag Kunst und Gesellschaft, Berlin
Abb. 78
Fa. E. Tesch, Wuppertal-Vohwinkel
Abb. 26
Fa. I. Weinberger, Zürich/Schweiz
Abb. 51 u. 52*
Weise, H.: Die Kinematographische Kamera (Die Wissenschaftliche und Angewandte Photo-
graphie Bd. III). Springer, Wien 1955
Abb. 6*, 10*, 11*, 13*, 14*, 15*, 16* u. 25*
Fa. Zeiss-Ikon, Kiel-Wiek
Abb. 2

Literaturverzeichnis

[1] Arndt, W.: Kinotechnik **17** (1935), 219–221.

[2] Back, F. G.: J. SMPTE **74** (1965), 1096.

[3] Beams, J. W., E. C. Smith und J. M. Watkins: J. SMPTE **58** (1952), 159–168.

[4] Behrend, J.: J. SMPTE **73** (1964), 12–17.

[5] Benson, B. S.: Proceedings of the III. International Congress on High-Speed Photography, S. 251–256. Butterworths Scientific Publications, London 1957.

[6] Bowler, S. W.: Research Film **1**, 2 (1952), 19–23, **1**, 3 (1953), 11–16.

[7] Boy de la Tour, R.: J. SMPTE **74** (1965), 328–331.

[8] Brixner, B.: J. SMPTE **59** (1952), 503–511.

[9] Brixner, B.: J. Opt. Soc. Amer. **45** (1955), 876–880.

[10] Brixner, B.: Actes du II. Congrès International de Photographie et Cinématographie
Ultra-Rapides, S. 108–113. Dunod, Paris 1956.

[11] Brixner, B.: Proceedings of the VI. International Congress on High-Speed Photography,
S. 93–100. Tjeenk Willink u. Zoon, Haarlem 1963.

[12] Chestermann, W. D.: The photographic study of rapid events. Clarendon Press, Ox-
ford 1951.

[13] Cranz, C., und H. Schardin: Z. Phys. **56** (1929), 147–183.

[14] Crosby, J. K.: Proceedings of the VI. International Congress on High-Speed Photography, S. 378–382. Tjeenk Willink u. Zoon, Haarlem 1963.

[15] Dékany, S.: Research Film **6**, 1 (1967), 16–22.

[16] Edgerton, H. E.: High-Speed Photography **1** (1949), 8–23.

[17] Edgerton, H. E., und C. W. Wyckoff: J. SMPTE **56** (1951), 398–406.

* mit Abwandlungen des Verfassers

[18] Eggert, J., und R. v. Wartburg: Proceedings of the III. International Congress on High-Speed Photography, S. 211–213. Butterworths Scientific Publications, London 1957.

[19] Elle, D.: Proceedings of the VI. International Congress on High-Speed Photography, S. 128–133. Tjeenk Willink u. Zoon, Haarlem 1963.

[20] Ende, W.: Z. techn. Phys. 11 (1930), 394–402.

[21] Ende, W.: Z. techn. Phys. 13 (1932), 483–487.

[22] Fatora, D. A.: J. SMPTE 74 (1965), 911–915.

[23] Fischer, H., C. C. Gallagher und P. Tandy: Proceedings of the VI. International Congress on High-Speed Photography, S. 152–157. Tjeenk Willink u. Zoon, Haarlem 1963.

[24] Frielinghaus, K. O.: Bild u. Ton 19 (1966), 258–264.

[25] Früngel, F., und W. Thorwart: VDI-Z. 97 (1955), 1305–1314.

[26] Früngel, F.: Z. angew. Phys. 8 (1956), 86–90.

[27] Früngel, F.: Bericht über den IV. Internationalen Kongreß für Kurzzeitphotographie und Hochfrequenzkinematographie, S. 104–111. Helwich, Darmstadt 1959.

[28] Früngel, F., W. Thorwart und J. F. Suarez: Kino-Technik 15 (1961), 289–293.

[29] Früngel, F.: J. SMPTE 71 (1962), 93–94.

[30] Furchert, H. J.: Bild u. Ton 20 (1967), 12–18.

[31] Griffin, A. E., und E. E. Green: J. SMPTE 59 (1952), 485–492.

[32] Gunzbourg, P. M.: J. SMPTE 58 (1952), 259–265.

[33] Hehlgans, F.: Feinmechanik u. Präzision 42 (1934), 40–48.

[34] Heunert, H. H., und K. Philipp: Grundlagen der Schmalfilmtechnik. Springer, Berlin-Göttingen-Heidelberg 1957.

[35] Higgons, E. T.: J. SMPTE 53 (1949), 545–548.

[36] Hiller, R. E., und L. M. Dearing: J. SMPTE 74 (1965), 897–901.

[37] Hummel, G.: Research Film 4, 5 (1963), 468–471.

[38] Hyzer, W. G.: Engineering and scientific high-speed photography. Macmillan Comp., New York 1962.

[39] Joachim, H.: Kinotechnik 12 (1930), 7–10.

[40] Joachim, H.: Feinmechanik u. Präzision 42 (1934), 33–40.

[41] Jones, G. A., und E. D. Eyles: J. SMPTE 53 (1949), 502–514.

[42] Kapany, N. S.: J. SMPTE 71 (1962), 75–81.

[43] Kolb, F.: Kino-Technik 14 (1960), 137–140.

[44] Krochmann, J.: Lichttechnik 12 (1960), 203–207.

[45] Kudar, J. C.: J. SMPTE 57 (1951), 80–83.

[46] Kudar, J. C.: J. SMPTE 58 (1952), 487–490.

[47] Kuhl, W.: Mikroskopie 7 (1952), 296–344.

[48] Kurtz, M. C.: J. SMPTE 68 (1959), 16–18.

[49] Landré, J. K.: J. SMPTE 75 (1966), 1095–1096.

[50] Lier, B.: Proceedings of the VI. International Congress on High-Speed Photography, S. 278–281. Tjeenk Willink u. Zoon, Haarlem 1963.

[51] Miller, C. D.: J. SMPTE 53 (1949), 479–488.

[52] Miller, C. D.: J. SMPTE 75 (1966), 1158–1160.

[53] Moon, I. A., und F. A. Everest: J. SMPTE 76 (1967), 81–88.

[54] Moon, P., und D. E. Spencer: J. SMPTE 63 (1954), 233–237.

[55] Murray, W. L., J. Plant, D. W. Godwin, L. P. Barbero: Bericht über den VII. Internationalen Kongreß für Kurzzeitphotographie und Hochfrequenzkinematographie, S. 472–476. Helwich, Darmstadt 1967.

[56] Mutter, E.: Kompendium der Photographie, Bd. 1. Verlag für Radio-Photo-Kinotechnik, Berlin 1963.

[57] Ohnesorge, H. v.: Z. techn. Phys. **13** (1932), 299–302, 345–350.

[58] Patzke, H. G.: Research Film **4**, 6 (1963), 553–562.

[59] Pierschel, G.: Bild u. Ton **17** (1964), 330–339.

[60] Richter, I. E.: Research Film, **3**, 1 (1958), 40–42.

[61] Rieck, J.: Kino-Technik **8** (1954), 8–9, 42–43.

[62] Rieck, J.: Research Film **2**, 6 (1957), 300–304.

[63] Rieck, J.: Bericht über den IV. Internationalen Kongreß für Kurzzeitphotographie und Hochfrequenzkinematographie, S. 300–303. Helwich, Darmstadt 1959.

[64] Rieck, J.: Lichttechnik **13** (1961), 173–176.

[65] Robertson, A. C.: J. SMPTE **72** (1963), 75–81.

[66] Rogers, T.: Bericht über den VII. Internationalen Kongreß für Kurzzeitphotographie und Hochfrequenzkinematographie, S. 323–325. Helwich, Darmstadt 1967.

[67] Rudolph, J.: Bild u. Ton **17** (1964), 162–167.

[68] Sakharov, A. A.: Research Film **4**, 5 (1963), 472–476.

[69] Saxe, R. F.: High-speed photography. Focal Press, London–New York 1966.

[70] Schardin, H.: Kinotechnik **14** (1932), 41–45.

[71] Schardin, H.: Schweizerische Photo-Rdsch. Nr. 14 (1951), 294–303.

[72] Schardin, H., und E. Fünfer: Z. angew. Phys. **4** (1952), 185–199, 224–238.

[73] Schardin, H.: Z. angew. Phys. **5** (1953), 19–24.

[74] Schardin, H.: Proceedings of the III. International Congress on High-Speed Photography, S. 316–318. Butterworths Scientific Publications, London 1957.

[75] Schardin, H.: Proceedings of the VI. International Congress on High-Speed Photography, S. 1–19. Tjeenk Willink u. Zoon, Haarlem 1963.

[76] Schnirman, G. L., A. S. Dubowik, P. W. Kewlischwili, A. B. Granigg und I. A. Koroljow: Proceedings of the VI. International Congress on High-Speed Photography, S. 107–114. Tjeenk Willink u. Zoon, Haarlem 1963.

[77] Schuster, H.: Feinwerktechnik **58** (1954), 279–284.

[78] Severy, D., und P. Barbour: J. SMPTE **65** (1956), 96–99.

[79] Skinner, A.: J. Sci. Instrum. **39** (1962), 336–343.

[80] Sorem, A. L.: J. SMPTE **65** (1956), 552–554.

[81] Steineck, R.: Microtecnic **20** (1966), 384–386.

[82] Stenzel, A., und K. Vollrath: Actes du II. Congrès International de Photographie et Cinématographie Ultra-Rapides, S. 55–58. Dunod, Paris 1956.

[83] Stenzel, A.: Bericht über den IV. Internationalen Kongreß für Kurzzeitphotographie und Hochfrequenzkinematographie, S. 136–138. Helwich, Darmstadt 1959.

[84] Struth, W.: Kino-Technik **12** (1958), 230–248.

[85] Sultanoff, M.: J. SMPTE **55** (1950), 158–166.

[86] Tannert, H.: Bericht über den VII. Internationalen Kongreß für Kurzzeitphotographie und Hochfrequenzkinematographie, S. 130–138. Helwich, Darmstadt 1967.

[87] Thorner, W.: Kinotechnik **12** (1930), 3–6.

[88] Thorwart, W.: Research Film **3**, 2 (1958), 66–73.

[89] Thun, R.: Kinotechnik **12** (1930), 351–353.

[90] Thun, R.: Kinotechnik **17** (1935), 116–118.

[91] Topfer, F.: Proceedings of the V. International Congress on High-Speed Photography, S. 486–487. Society of Motion Picture Engineers, New York 1962.

[92] Trommer, F.: Feingerätetechnik **2** (1953), 421–424.

[93] Tuttle, F. E.: J. SMPTE **53** (1949), 451–461.

[94] Uyemura, T.: Proceedings of the III. International Congress on High-Speed Photography, S. 300–304. Butterworths Scientific Publications, London 1957.

[95] Vinten, W. P.: Actes du II. Congrès International de Photographie et Cinématographie Ultra-Rapides, S. 135–137. Dunod, Paris 1956.

[96] Waddell, J. H.: J. SMPTE **53** (1949), 496–501.

[97] Waddell, J. H.: Proceedings of the III. International Congress on High-Speed Photography, S. 351–357. Butterworths Scientific Publications, London 1957.

[98] Waddell, J. H.: J. SMPTE **75** (1966), 666–674.

[99] Weidel, G.: Bild u. Ton **13** (1960), 260–263.

[100] Weinberg, S. A., J. S. Watson und G. H. Ramsey: J. SMPTE **63** (1954), 196–198; **66** (1957), 361–363.

[101] Weise, H.: Kinogerätetechnik. Winter'sche Verlagshandlung, Füssen 1950.

[102] Weise, H.: Die Kinematographische Kamera. Wiss. u. angew. Photogr. Springer, Wien 1955.

[103] Wolf, G.: Der wissenschaftliche Dokumentationsfilm und die Encyclopaedia Cinematographica. Johann Ambrosius Barth, München 1967.

[104] Zwicker, L.: Kino-Technik **16** (1962), 267–274.

Namen- und Sachregister

MIX
Papier aus verantwortungsvollen Quellen
Paper from responsible sources
FSC® C105338

If you have any concerns about our products,
you can contact us on
ProductSafety@springernature.com

In case Publisher is established outside the EU,
the EU authorized representative is:
Springer Nature Customer Service Center GmbH
Europaplatz 3, 69115 Heidelberg, Germany

Printed by Libri Plureos GmbH
in Hamburg, Germany